U0060525

撰文、攝影——彭永松

荒野，是生物的家，也是人類永遠的鄉愁。

目錄

最精彩的荒野課

徐仁修（自然作家、探險家）

去年春天，黃秀慧主編來邀我寫一本給青少年的荒野課。雖然我是荒野保護協會與荒野基金會的創辦人，雖然我寫過五十幾本與自然有關的書，但這樣一本針對青少年的荒野大自然書，卻有一個人肯定會比我寫得更好，那個人就是彭永松。

彭永松先生是個多才多藝的怪胎：不管寫作、攝影、音樂……而他喜歡或關心的事物更多到我很難列出所有的項目，從宗教、廟會、原住民、客家文化、環境問題、氣候變遷……我很難找到一項他不懂或不關心的事物。他是台灣尼康器材公司的攝影老師，也替幾處古蹟廟宇寫過發展史，擅長多種樂器、自彈自唱，而且歌聲迷人……你說，他是不是怪胎？

從二〇一二年開始，我請他跟我一起到中國，為培訓兒童自然教育講解員的營隊擔任講師，此外，我們也多次一起到婆羅洲、印度等國做生態旅行，也在荒野基金會舉辦的國際自然教育講師培訓團擔任講師。此外，還有一個我會覺得他寫這本書比我更適當的原因，就是他比我更有耐心。他不只諄諄善誘，也在於他有教無類，甚至是力求完美。也因為他知識與見聞廣博，又有多年拍攝的豐富照片，正好可以為青少年打開多扇荒野大自然的窗門。

大自然物種多樣，系統複雜而完美，億萬的生命物種間的關係又環環相扣、共生共榮，而要能把其中的奧妙與精彩清楚陳述，永松老師是我所知極少數，甚至是唯一，能夠娓娓道來的一位，這點我絕對可以保證！

知識要轉變成體驗，才是每個人成就的關鍵。青少年想要更瞭解大自然，就得直接進入荒野，並開始進行自然觀察。不久，你會發現不只野趣橫生而樂趣也無窮，人生體驗的收穫更會讓你覺得無限豐盈。

如果你對大自然有興趣，可以直接與彭永松老師或荒野基金會，或上臉書【徐仁修荒野】跟我聯絡！

徐仁修

和徐老師到墾丁，他帶我走了一趟四十二歲時用了整整兩年觀察記錄一群臺灣獼猴（大聖家族）的地方。多年來這一片熱帶季風林沒有太大變化，我看到他拿起相機，追著蝴蝶像興奮的孩子般不停拍攝，那份熱情也始終沒變。人生最大的精彩就在於，當決定做一件事情時，盡了全力把那件事情做到最好！

親臨現場

廖鴻基（海洋文學作家）

環境是萬物生活的舞台，這舞台上每一種生物都有其生存所需的必要條件，依生態倫理觀點，位居食物鏈高層的人類也有其必須為整體生態付出的基本貢獻與責任。「荒野」，是設法對環境降低人為干擾來達成生態平衡的理想概念，也是鼓勵現代社會的我們負起生態基本責任儘量做到與萬物同生共榮的理想狀態。

人類何其幸運，能在生態歷史上站上高點，我們創造了幾乎沒有天敵的世界，我們每天出門不用匆躁逃命不用害怕隨時會被吃掉，然而，除了必要的生存需求，社群性極強且善於使用工具的人類，從不間斷的應用生態優勢進一步追求更富足、更便捷、更舒適的生活。快速發展，已經成為現代社會強而有力的發展趨勢，而且，無止盡的功利欲望追逐，確實讓人類社會的發展已經超越底線走到過度需求的地步，因而造成我們對地球上各種資源的不當侵略與過度剝奪，如此予取予求的自利姿態，必然對環境與生態造成全面性的荼毒與破壞。

《十六歲的荒野課》，由擅長生態觀察與攝影專業的彭永松老師執筆，透過作者親臨現場式的文字與影像分享，精彩美好的生態攝影作品對比文字中堪憂的種種環境及生態狀況，點出當今我們必要暫停腳步停下來思考的諸多問題。

儘管書中提到的許多問題恐怕無解，不少專家形容人類發展的態勢已經像一列衝向斷崖的失速列車，單單以人口及需求慾望的膨漲所造成的問題，都不是「我們只有一顆地球」所能擔養。傳統的生態平衡標準已經因為人類的暴衝而一再偏移，僵固的思考與應對態度，很有可能就是陷入無助的絕望陷阱。

這本書點出癥結問題，「環境保護，生態保育」社會運動在台灣已風行至少三十個年頭以上，環境在變，生態在變，應對的思維和態度似乎不該是一成不變的停滯狀態，不應該停留在運動初期的零和思維上。「發展與保護」的矛盾與衝突並非絕對無解，如本書提到的，也許換個角度、換個位置來期許未來「變位思考共創三贏」的努力方向。

既然無法避免走向斷崖，也許我們可以退一步積極有效的來控制行進速度；既然不可能永續，但我們應該不難以我們最擅長的經營管理來做到延長使用期限的目標。

而這些努力都需要改變，改變觀點將是重要關鍵，觀點改變，態度就會跟著改變。這本書教我們親臨現場，讓年輕朋友經由對生態之美的接觸，進而感到興趣而有進一步認識的衝動，未來很有可能因而成為環境和生態的關懷者甚至是重要推手。

環境與生態運動不是搖旗吶喊，也不是白領階級的虛榮，而是現代人類在享用安全與富足時，必要對生養自己如母體般的環境與生態，貼近而且是更進一步的認知與自覺。

重新認知自己的生態位置，重新發覺自己對環境與生態的責任。

廖鴻基

首倡臺灣賞鯨活動的海洋作家廖鴻基老師，也是推動「守護海洋環境、調查生態資源與保存海洋文化」的黑潮海洋文教基金會創辦人及首任董事長。二〇一七年八月，臺灣賞鯨二十週年，作者與廖老師同船出海，欣賞了美麗的太平洋日出、晨光裡悠游嬉戲的海豚與高聳壯闊的清水斷崖景色。

【序曲】

00

自然教給我的事

自然觀察，究竟在觀察什麼

清晨，耳際傳來紛亂的鳴叫聲，有高有低，有長有短，時斷時續，忽遠忽近，很久沒有聽見這樣的聲音了，叭叭！叭…叭…！那些代替駕駛大聲嘶吼發洩的汽車喇叭，傳上酒店二十二樓高處穿透玻璃穿透窗簾還如此清晰，這才意識到自己已經重返人間。看著照片回想過去幾天裡匆匆走過的幾條路徑，如此真實卻又似乎已經遙遠，那些山那些水，那些生命裡偶然的相遇……人生如旅行，旅行如人生，我們看山看水，看花看草，看細雨飄落，雲霧蒸騰，其實一直在看的都是自己，在大自然裡尋找著生命的位置，就像高更畫裡的千古疑問：我們從哪裡來；我們是誰；我們將往哪裡去？

上面這一段短文記於二〇一六年十月成都旅次。那一趟我到四川，主要是在成都一座建於一九〇八年引領川劇發展至今的老劇場裡以「自然教給我的事」為講題和五百多位青年朋友分享了自己行走自然多年的經驗和感悟。而後也在幾位自然保護區友人帶領下，徒步尋訪了二十世紀初亨利．威爾遜中國植物之旅的足跡。那一趟我並沒有記錄到太多動、植物，但是一點也無所謂，那是我非常享受的一段旅程，走過同一條山徑，或許還鑽進了同一片林子，在穿透大樹的陽光下，在枝葉搖曳摩挲的聲音裡，我彷彿還能聽見植物學家和隨行採集者在樹下的交談，比起一棵大樹在山中緩慢而悠遠的生命，一百年是多麼短暫啊！

剛開始在臺灣和世界許多地方探訪自然，總是希望能記錄各種奇花異草、蟲魚鳥獸，讓自己累積更多自然經驗和生物知識，每當發現未曾見過的動、植物總是興奮莫名，狂按快門拍照。隨著時間慢慢沈澱，繞了一大圈才開始感受到，其實稀有或常見都只是浮淺的表象，尋常事物又如何，難得一見又如何，這個世界上我們沒見過的永遠比見過的多，而自然想要教給我的也從來就不是這些。真正讓人感動的剎那往往就在身旁，就在每日生活裡，有時即使是偶然相遇的一朵小花、一隻蟲子，都可能會觸發你心靈深處最最遙遠的記憶，讓我們看見生命，知所來去；這是我在那場演講分享的兩張照片：

【烏桕大蠶蛾】

九歲那一年，每天餵我吃飯、哄我睡覺，最疼我的外婆走了，
人們都說逝者會在幾天後化身回來看她喜愛的親人。

有一天在竹林裡看見一隻蛾，表姊說是外婆來看我，
那是一隻好大的蛾，我站在林子裡靜靜的看了很久。

後來和別的小孩玩了一陣子，我想到那隻蛾，
再跑回去看時，已經飛走了……

【石牆蝶】

一隻石牆蝶沒有能夠在羽化時順利撐開身體，
我看著牠在泥土地上爬行，在草葉間飛撲，
已經定型的雙翅，終究無法載著牠飛上藍天。

沒有機會重新再走一次的生命，為什麼還要如此努力掙扎著活著？
這原非生命的無常，而是定常；
在大自然裡，一切無所謂完美與否，只有活著。

竹林裡那隻蛾究竟長什麼樣子，我已經記不清，在生物學上叫什麼名字，對一個九歲的孩子來說也根本不重要，在我心裡，牠並不是一隻蛾。小時候看過一本奇幻冒險漫畫，忘了書名但是內容深深印在腦海裡：有個小男孩無意間推開一扇門闖入了一片奇異的風景，那個空間裡還有一些門，就這樣一扇一扇的推門而入，在每個

地方都遇到一些人、發生一些事，卻始終再也尋不回當初來的地方，故事最後小男孩成了鬚髮花白的老人回敘著經歷的一切，身邊的老狗早已經換了好幾代，只有兒時陪伴的鸚鵡還停在肩上。當時只覺故事精彩刺激，漸漸長大後才明白，小男孩經歷的奇幻空間就是人生；我在四川的深山裡行走，也只是推開了一扇門，經歷了一些事情，而後繼續前行……

	3
1	
2	

1. 烏桕大蠶蛾，攝於君子峰自然保護區，幼蟲以烏桕為食。

2. 羽化失敗的石牆蝶。

3. 雪寶頂，平壩秋色。我們看山看水，看花看草，看細雨飄落，雲霧蒸騰，其實一直在看的都是自己，在大自然裡尋找著生命的位置。

遠離自然的不是身體，而是心靈

在臺灣的山林野外行走時，常有機會遇到獼猴，生為島上唯「二」的靈長類，我們和猴子有很多相似之處，但也有很多不同的地方。比如累了要睡覺休息、餓了要找東西填飽肚子，這是所有生物的本能和存活基本條件之一，也就是自然性；臺灣獼猴會隨手扔掉果皮和果核，吞進消化道的堅硬種子也會隨著排遺自然散落各處，植物也因此達成了以果實獎賞交換而傳播遠方的目的，我們則是把不能吃的果皮「垃圾」收拾好放在桶子裡，不能亂扔廢棄物、不可隨地便溺是人類的社會性規範。

我們的身體當中，始終併存著經過億萬年演化出來的自然性本能，和數十萬年來逐漸累積而成的社會性約制，也正是因為這兩種交錯複雜的組成特質，我們就像個既戀家又叛逆的孩子，一直有著親近自然母體的慾望，但也早已習慣於各種非自然的生活方式，比如透過語言文字累積知識和智慧，控制電能改變白天與黑夜的節奏，藉由各種交通工具快速移動，比如一輩子綁在貨幣經濟規則裡過著高度複雜的社會分工。這些人類在自然條件之外獨有的能力，除了帶來生存優勢，其實也劇烈改變了我們的心態，在文化、經濟與科技造就的豐腴社會裡，人們擁有的早已不再只是基本存活，和其它生物及環境的關係也愈趨複雜而不對等，以致人類常常忘了自己其實也只是母體所孕育眾多生命形式當中的一種，總是以自我為中心看待周遭的一切事物。

有一次在西雙版納熱帶植物園講課，我把當天拍到的木棉天牛照片發在同學群裡，木棉天牛可算是相當有「顏值」的昆蟲，觸角第三到五節有叢生的黑色絨毛，鞘翅也有三排黑色絨毛，體背在不同光線角度下會呈現橄欖綠、藍色、紫紅色的變化，腿節基部和腹部還有漂亮的鮮紅色。有同學留言說：「這是害蟲。」不過立刻也有人回應：「都是大自然的一部分，沒有哪個是害蟲。」的確，所謂害蟲、益蟲都只是從人類狹隘自私的利害觀點去看，各種生物在

	1	3
	2	4

1. 臺灣島上有兩種靈長類，一種是野生的，一種是「家養」的。
2. 一隻橫帶花蠅雄蟲正在舔吸臺灣獼猴排遺中的有機質。並非只有動物會利用植物，其實植物也會利用動物，它們以果實做為獎賞交換，藉著動物排遺讓大量種子散播到森林各處。
3. 木棉叢角天牛，幼蟲寄主植物為木棉、香椿、合歡、木荷、楹木等。
4. 從空中俯瞰雲南大地，天牛說：看看你們人類把坡度陡峭的山區「蛀蝕」成什麼樣子！

自然裡相生、相剋、相助，總有其存在位置和穩定平衡的機制。於是我把木棉天牛拉進同學群裡，讓牠也能有話語權，天牛立刻請我幫牠上傳了兩張在空中飛行時俯瞰雲南的照片和一段文字：我們的寶寶啃一點木棉莖幹，也只是為了生存，看看人類把整個大地啃成什麼樣子，要說我們是害蟲，你們才是地球真正的「害人」吧！

由於繁複糾葛的社會性經常超越並且掩蓋了自然性，人類存在自然的「位置」往往並不自然也難以平衡，除了有許多非自然的心理也常常做出反自然的行為，一隻羽化失敗的石牆蝶，直到耗盡身體能量也從未放棄飛向藍天的想望，而地球上唯一會放棄自己、放棄生命的動物，只有一種。你也絕不會在非洲草原上看到獅子拚著全力抓到一隻高角羚，又跑去抓一隻斑馬，然後想著：今天我要吃哪一道晚餐呢？但人類會期待、要求或用盡辦法滿足自己想吃特定食物的慾望，楊貴妃想吃荔枝，耗費了無數快馬接力長途專送；現代人有過之而無不及，一盒「碳足跡」滿滿，繞過半個地球的空運冷藏水果賣價三、四千照樣被搶購一空。

被捕蜂人活活浸泡在米酒裡刺激牠們釋放毒液的中華大虎頭蜂，還有一隻在做最後的掙扎，每瓶裝有二十隻大虎頭蜂或三十隻其它種類虎頭蜂的酒大約可賣到臺幣一千元；人類取用自然往往超過了基本生存與生活所需。

大自然裡，一個生物「取用」其它生物，是為了生存與生活所需，而人類對其它生物的利用往往超過了基本需求太多。古代皇公鉅賈吃象鼻、熊掌、鹿筋、駝峰、豹胎、猴腦……愈是稀有特殊愈被視為頂級「滋補」食材，直到今天還有多少人帶著同樣的心態消費魚翅、燕窩、毒蛇酒。大陸湖北的朋友和同事聚餐，有人點了一鍋近千元人民幣的「仙鶴」，她不知道是什麼動物也不敢動筷子但把吃剩的鳥喙拍照傳來問我，結果根本是隻夜鷺；曾經好奇打過夜鷺的原住民朋友告訴我這種鳥有很重的腥臭味，難怪鷺科一直就不在人類食譜裡；沒想到卻在蔥蒜、辣椒、老薑、麻油、醬油、香料掩蓋臭味下換個仙氣飄飄的名字變成了獵奇者願意付高價嚐鮮的「補品」。尤其在社群網路時代，更常常助長了這樣的獵奇與誇炫心態，可愛網紅只要到東南亞拍一段花容失色、驚聲尖叫咬一口椰奶燉煮整隻狐蝠的視頻，立刻就會有多少人點讚留言。

「炫耀心」和「比較心」也常常是人類過度消耗自然的原因，各種流行商品都在刺激你拚命賺錢去購買，消費性電子產品也不斷推出硬體、軟體「升級版」造成瘋搶，許多人的抽屜裡不知堆了多少功能完好卻不再使用的手機；衣服和配件要穿戴當季「名牌」，吃飯要上「高檔」餐廳並且立刻拍照上傳朋友圈；商人每隔一兩年甚至更短時間就會用相同引擎和底盤推出修改外型的汽車，讓你覺得自己開的是「舊車」，甚至因此在老同學聚會時總是有人故意不小心談論「開什麼車」的話題……為了滿足各種莫須有的物質享受，我們的身體和心理再也沒有太多時間好好休息；這樣的生活品質到底是進步？還是在進步當中嚴重的退步？

正如老子在兩千多年前就提醒著人們：「罪莫大於可欲，禍莫大於不知足，咎莫大於欲得，故知足之足，常足矣。」各種焦慮不安和傷害的源頭，無非就是人類複雜的社會性淹沒了簡單的自然性，迷失在競逐、貪取、誇炫、比較的慾望裡而不自知，綁架你的不是想從你口袋裡掏錢的商人，不是充滿誘惑刺激的商品廣告，其實是自己。人心的超載比環境的超載更讓人憂慮，也才是地球環境超載的主因，我們遠離自然的從來就不是身體，而是心靈，只有在複雜的社會裡重新尋回簡單的心，才能真正找回人類在自然、在宇宙中的位置。

看不見的影響與傷害

然而有更多時候，人類對其它生物的影響並非只是這麼單純的個人心態、行為或選擇問題。這兩年因為新冠疫情，全世界科學家都在努力研發疫苗，但你可曾想過我們對抗疾病的各種疫苗、藥品和醫學技術，是多少實驗動物的生命所換來，犧牲小白鼠、恆河猴、食蟹獼猴、黑猩猩或實驗豬，究竟是不是人類生存的必要呢？

印度曾經是實驗猴主要輸出國之一，四、五十年前每年出口數萬隻恆河猴到美國，主要用於醫學及靈長類精神行為實驗。猴類是最常被用於心理實驗的野生動物，美國心理學家哈利·哈婁在五〇年代就以恆河猴進行「母愛剝奪實驗」，發現與母親隔離成長的幼猴常出現搖擺、自殘等重度焦慮症狀，以此闡論人類憂鬱症問題；在這些實驗的背後卻極少有人關心，憂鬱症狀將會終生伴隨被強制剝奪母愛的實驗猴。直到二〇一四年善待動物組織取得美國國家衛生研究院所屬機構關於「幼猴親子分離實驗」的影音紀錄公諸於世，引起極大爭議，終於使美國在二〇一五年二月起停止此類實驗，同年十一月也終止了航太及醫藥的所有黑猩猩實驗，陸續安置收容。

在印度人心裡所有猴類都是傳說中法力無邊的猴神哈努曼化身，有著神聖而特殊的地位，因此要求禁止猴類出口的聲浪日益高漲，終於使印度政府通過法令，自一九七八年三月起禁止猴類出口到世界各地實驗室。目前實驗用恆河猴或食蟹獼猴主要來自中國、柬埔寨、越南和印尼的圈養繁殖場，這兩年因為新冠疫苗和藥品研發而供需失衡，實驗猴售價暴漲到每隻超過一萬美元，除了排擠其它科研項目無猴可用，也導致非法捕捉野生獼猴混充的黑市交易大

1	2
1	3

1. 印度農村小廟裡供奉的猴神哈努曼石像，胡適考據認為能夠騰雲駕霧、法力無邊並且忠心耿耿的哈努曼就是西遊記裡孫悟空的原型。

2. 在媽媽呵護下快樂成長的小恆河猴。由於猴類在傳統文化上有着神聖的地位，印度已經從一九七八年三月起禁止出口恆河猴。

3. 南平原長尾葉猴，在印度人心中所有猴類都是哈努曼的化身。

增。超過十萬隻獼猴非自願成了全球七十八億人對抗新冠病毒的受試者，也成了世界各國爭搶的醫藥「戰略」物資。

基於人類科學知識和優勢生物霸權所做的動物實驗，的確促成了許多疫苗、藥品和療法的問世，甚至某些製劑如抗蛇毒血清是以蛇毒或合成免疫原注射在馬匹體內再從產生抗體的血液提取所得，而後同樣要經過小鼠等動物實驗。無論為了救命、為了避免重症、為了工作或為了能夠出國讀書、旅遊，許多人都接種了疫苗，我們也無可迴避都在使用著各種動物實驗的醫藥成果；這的確是個複雜而兩難，已經不單是科學、生物、文化、道德或宗教信仰的問題，除非有一天所有醫藥開發都可以進步到改用實驗室模擬和電腦計算，在沒有其它替代方案以前，我們對所有為醫學犧牲的實驗動物也只能從心底深深的感謝啊！

而疫苗也只不過是人類各種複雜行為的微小切面，身為地球這一個世代最優勢的生物，我們的一舉一動幾乎都難以避免對環境帶來巨大影響，開墾一片農田、牧場或工業區不只是砍掉了樹木和草原，也讓原本依附在這些環境裡的動物無家可歸；夜間的燈光能夠指引人類走向安全，卻也牽著許多動物走向死亡；綠色能源風力發電機，每年在世界各地造成的鳥類和蝙蝠傷亡數量高得你難以想像；隨著人為刻意引進或全球化貿易運輸夾帶而擴散的生物，經常造成引入地無法收拾的生態災難；早年臺灣各縣市每年十一月初「滅鼠週」發放的毒鼠藥，不但殺死老鼠也間接殺死了老鷹；年輕人離農就商，勞動力不足的老齡化農村只好大量借助化肥、農藥耕作，差點使水雉從臺灣的土地上消失；生活裡無法自然分解的廢棄物品愈來愈多，到底該如何處理……

無論人類如何演化，科技如何快速進展，最終並無法改變我們是生物體，必須依附地球生物圈母體共同存活的的基本條件，生物圈一旦失衡衰敗，人類也終將難以獨存。這本書是我多年來在自然裡行走的一些體驗和感悟，也希望能和朋友們在大自然裡一起學習、共同思考。一切已經發生的都沒有回頭路，時間並不會停止，我們除了繼續往前，也必須尋回與其它生物在地球上曾經和諧的相處方式，重建人與自然的新關係，才有可能讓生活慢慢回到美好的秩序；人類究竟是萬物之靈，還是萬「惡」之靈，只在收與放，只在當做與不做之間。

人法地，地法天，天法道，道法自然。雖然說的是道家修為，但我相信老子也會同意把這段話用在生態上：人類依附著大地的生養而存在，大地順應著天時的變化而消長，天時按照著宇宙的規律而循環，這一切正是宇宙萬物原本的狀態與和諧的基礎，只要這個和諧基礎不被破壞，所有事物包括人類都能「自然，而然」的生活著。

赤尾青竹絲，臺灣常見六種毒蛇之一，其實臺灣的毒蛇超過十種，有些並無專用血清。在臺中后里馬場飼養著五十多匹「血清馬」，這些馬從三、四歲起「服役」約十年，長期忍受著蛇毒注射在體內的不適症狀與皮膚潰瘍，每年生產約四千八百劑臺灣本土毒蛇血清。

離開了赤腳踩過的土地

本篇最後，我想用幾張照片聊聊自己的切身經驗，那些曾經從大地得到，卻又失去的情感。絕大多數人應該都知道或至少聽過這張空照俯瞰圖的地名：觀音大潭，一個因為「藻礁」而躍登各媒體版面的濱海農村。對我而言它不只是一般的空拍地景圖，二〇一四年從婆羅洲雨林回臺灣的航班因為機場跑道繁忙而在空中盤旋等候進場，正好讓我有機會從另一個角度仔細看了這片曾經熟悉卻已日漸陌生的土地。

海岸邊從上到下（自南而北）可見到四座從二〇〇一年起陸續興建的突出構造物，其中南方長短不等的曲折海堤是觀塘工業港南防波堤，也是臺電大潭火力發電廠冷卻系統進水口位置，進水口南邊是二〇一四年劃設的「觀新藻礁生態系野生動物保護區」；有白色水花的狹長狀溝槽是冷卻系統出水口，進出水口之間隔著保安林整齊的陸地建築就是二〇〇五年啟用的大潭發電廠；再往北是挖除大片藻礁濬深的臨時施工碼頭，這個「臨時」卻是永久改變了地貌；北邊綠白分明的方塊是二十年前東鼎公司就在藻礁上填海造陸預定設置儲氣槽的地點，將來會從這裡延伸興建四千多公尺的北防波堤，與南防波堤合圍住工業港；填海地北邊是這些構造物施做後已經因為「突堤效應」加速積沙而嚴重退化的白玉藻礁；從南防波堤到填海地之間，就是二十年來在天然氣接收站開發與生態保護間始終爭議不斷的「大潭藻礁」。

藻礁和珊瑚礁看來相似但非常不同，動物珊瑚蟲造礁每年約成長一公分，殼狀珊瑚藻形成的礁岩大概要十年才成長一公分，觀音海岸的藻礁估計已有七千六百年歷史。然而對於這片土地，我個人最在意的並非藻礁在生態上的意義或多杯孔珊瑚的珍貴稀有性，而是在「經濟利益」主導下自己毫無選擇被拔起離根的土地情感。

大潭地名來自圖中央的大埤塘，這口埤塘和海岸是我童年記憶

從空中俯瞰我的家鄉，桃園觀音大潭村塘尾，除了大潭埤依舊，人們赤腳踩過泥土的痕跡早已被工程怪手全部抹去。

的一部份，大潭埤北邊拍照當時仍可見到紅土的空地曾經就是我家農田，鄰近土地也有許多是我們家族的。多年來在怪手整地挖掘下早已看不出我的祖先在乾隆十二年（一七四七）渡海來臺後，靠著雙手砍除芒草、搬開古石門溪沖積扇中的礫石，慢慢把荒地改成瘦田在此耕墾的痕跡，這些濱海農田雖然瘦到在一九二八年桃園大圳灌溉系統完成以前只能種植每年一穫的陸稻和耐旱的番薯，倒也代代相傳在此安家營生過了兩百多年，直到我們這一代才因為政府和商人強力介入的「經濟開發計畫」被迫離農，離開了赤腳踩過的土地。

桃園臺地自古以來因為地勢和地質關係，天然條件上非常缺水，並不利於定居型的農業聚落發展，康熙三十六年（一六九七）郁永河《裨海紀遊》曾描述：「自竹塹迄南崁八九十里，不見一人一屋，求一樹就蔭不得……既至南崁，入深箐中，披荊度莽，冠履俱敗，直狐貉之窟，非人類所宜至也。」一行人在這段路途中還獵獲了三隻鹿。

當然凱達格蘭族人早就居住於桃園一帶，不過荷治時期調查霄裡社僅有三十二戶、九十五人。真正進入規模性開發還是在康、乾之際漢人移墾後，乾隆六年霄裡社頭目知母六（漢名蕭那英）與漢人合墾，鑿霄裡大圳引小溪和湧泉匯入霄裡大池，才慢慢在八德一帶開出了水田，乾隆十三年知母六再築菱潭埤（今龍潭大池），而後有部份族人遷至銅鑼圈發展，我在銅鑼圈知母六後人蕭柏舟先生家中曾經見過乾隆十三年以來的印記和契約文件。桃園臺地進入現代化開發也就兩百多年歷史，不過這段時間也是地景和生態改變最快速的時期，陸續來到的移民靠著築造埤塘蓄水灌溉而讓桃園有了「千塘之鄉」的名稱，根據桃園大圳開發前的調查埤塘數量約有八千個；大潭埤在日治時期就納入了水利組合，但確切築造年代已難從地方耆老相傳的記憶中詢探。

雖然農業移民改變了「非人類所宜至」的地貌和生態景觀，不過居民主要仍是看天吃飯，一直以來臨海貧瘠農村的生活也幾乎都仰賴大自然，形成另一種人類來到之後的平衡關係。二戰以前除了在農閒時牽罟捕魚，海灘上到處跑的沙馬（各種沙蟹科的地方俗稱）也是蛋白質來源之一，抓回家放在海水裡吐沙洗淨之後切碎用鹽醃製做成鹹鹹香香的沙馬醢配飯。日治時期在海岸邊種植了大片的木麻黃防風林，父親還是村童的年代常常會和一起放牛的同伴們在林子裡追趕雉雞和野兔，環頸雉每次起飛不遠就會落地奔跑，他們只要分散圍捕就能提高成功的機率，抓到之後通常就地生火烤來吃，至於牛……反正也跑不遠，傍晚能牽回家就好。二戰後觀音海岸許多地方成為軍事管制區，在我們成長的年代裡已經難有牽罟、抓雉雞的經驗。

不過海邊也並非全然限制居民利用，小時候每年冬天在觀音溪出海口還能撈到鰻苗，這也是老天給貧瘠土地上辛苦耕作農民額外的賞賜，海邊風大水冷，記憶中我沒有到過捕撈現場，但在屋內看過鰻苗收購，整個過程很簡單，地上擺了一些浸泡著網子的水盆，

養活我家兩百多年的瘦田，成了虛有其名而毫無產出的「中央大學分校」預定地，央大放棄後又改成了「海洋大學分校」的牌子。

有個人蹲在地上拿著碗從網內舀水倒在網外，同時口唸心算，最後說出總數：「一百五十尾，兩百二十尾……」。父親要我蹲下來仔細看那些什麼都沒有的盆子，透明海水裡有一些浮動的小黑點，原來鰻苗身體幾乎是透明的，只有兩個像沙粒一樣的眼睛，數鰻苗者全憑豐富的經驗用雙眼快速掃描判定數量，買賣雙方就靠一句話互信交易。

我們家族的田地二、三十年前被台塑公司收購了一部份做為六輕選址預定地，還有一些被東帝士集團的東鼎公司買下準備設立天然氣接收站和周邊開發，後來兩家公司都離開觀音。在政府重新整合下，我們家族其餘田地幾乎都被徵收劃入「桃園科技工業園區」和「觀塘工業區」，所有人無從選擇只能配合政策。另外一張照片裡怪手正在挖掘施做的正好就是我家農田，路旁曾經豎了一面牌子寫著「中央大學分校預定地」，經過多年央大放棄後也只是把空地上的招牌改為「海洋大學分校預定地」，實際上二十多年來除了地價炒作翻漲上百倍，這片當年以「打造桃園黃金海岸」為宣傳口號的園區絕大部分土地仍是荒蕪閒置毫無產出，而我曾經玩耍的田埂、村人洗衣的水渠、泥磚茅草屋、礫石鋪面的屋埕和水井旁炊粄要用到的黃槿樹再也尋不回。

臺灣真的需要這麼多工業區，需要這麼多公共工程開發與「黃金」海岸嗎？二十年來無論哪一黨執政，藻礁問題依舊未能得到各方滿意的結果；如果政治人物只把經濟成長當做唯一指標，把工程建設視為主要政績，而被激化對立的選民也依然未能理性思考臺灣真正需要的是什麼，這樣的事情還會繼續在島上不斷出現，不會只有發生在我家。

痕掌沙蟹的幼蟹體色斑紋與沙地非常相似，成蟹紅色、暗紅、橙黃或褐色，受到驚嚇時會轉為接近沙地的保護色。捕捉沙蟹科小型蟹類製成「沙馬醢」，曾經也是濱海農村老家一帶居民的蛋白質來源之一。

【第一樂章】

01 消失的生物多樣性

當我們的老祖先撿起第一顆石頭敲打、點燃第一把火，人類的發展就已經難以回頭，透過不斷學習並累積知識，現代智人逐漸成了地球上最強大的物種，也早已不再是單純的自然生物。尤其到了科技高速發展的今日，人類不斷造出各種超越生物極限的工具，飛天遁地、移山倒海幾乎無所不能，實力上的優越讓我們不再與其它生物平起平坐，也很難再與它們共享地球，總認為每一寸土地、每一座森林、每一處溪流、海洋都是自己的，每一種生物或資源都可以為人類所用，都可以在自己的掌控下支配管理；我們的心中也早就因為這些優勢而有了「環境霸權」，對其它生物甚至常常失去了同理心與同情心。

為了追求自身利益最大化，我們不斷從大自然裡取得超過生活與生存所需的物資，發明各種無法回到自然循環的物品，把自然野地改造為適合人類居住生活的城市、工廠、農田、牧場、水壩、港口或是休閒遊樂的地方，拿起筆一揮，就決定了地圖上某條公路的開闢，畫個圈就左右了某塊地裡動植物的生死命運。大自然耗費千萬年演化出了繁複綿密而且穩定平衡的生態結構，人類只在幾萬年尤其最近幾百年的時間裡就攪得天翻地覆，在毫無節制的需索和開發下，近代生物滅絕的速度超過了以往任何時期，逐漸崩解的環境和生態讓地球出現許多問題，直到有些問題開始影響人類生活，才驚覺事態嚴重，還自以為可以控制局面；然而，我們真的有能力收拾殘局嗎？

逐漸消失的生物多樣性

「生物多樣性」是在二十世紀初才被提出的生態學名詞與概念，尤其在近半世紀以來隨著地球環境持續惡化而更受到重視。實際上，生物多樣性減少並非始於今日，自從人類稱霸第五次大滅絕之後的地球這個問題就已經開始，只是到了近代更加快速而嚴重。維持生物多樣性的意義，簡單來說就是：地球上的物種、基因、環境和生

上圖：臺灣第一個計畫型聚落「熱蘭遮城」，現在的臺南市安平區。人類總認為地球是自己的私有財產，拿起筆一畫就決定了一塊土地的用途和生活在其中動植物的生死命運。

前頁：埃及聖鸝在原生地是受到「非洲 - 歐亞遷徙水鳥保護協定」所保護的物種，攝於肯亞安博塞利國家公園。

態系統愈多，各種生命的型態與相互間依存關係鏈接得愈複雜而綿密，愈能夠維持生態圈的穩定平衡與健康發展。近代研究生物多樣性泰斗愛德華・威爾遜在二〇〇二年著作《生物圈的未來》當中提出計算，如果目前人類對生物圈破壞的速度持續下去，到二一〇〇年地球上有一半的高等型態生命將會滅絕。

難免有人會懷疑某些生物滅絕真有那麼嚴重嗎？渡渡鳥、袋狼、恐鳥、斑驢、歐洲野牛……因為人類捕食或獵殺而滅絕，對人類的生存似乎並沒有造成任何損失，甚至早年移民南非開墾者大肆獵殺斑驢（斑馬原名亞種）導致這種生物在一八八三年滅絕還認為是維護了自己的利益，因為牠們會與牲畜競爭草場；一九六九年野生梅花鹿從臺灣的土地上消失、一九八七年臺灣特有種烏來杜鵑野外滅絕，許多人更是無感。的確某些變化在小區域、少數物種、短時間的影響或許還看不出來，我常用「疊疊樂」抽木條遊戲來比喻「生物多樣性」，大家把五十四根長方形木條整齊堆疊為十八層高塔後，輪流從第四層以下抽出一根，最後當積木塔的結構和重心達到穩定臨界點時，輪到抽木條者一碰就整個垮了！在遊戲中，弄垮積木塔的人是輸家，但是換個角度來看，如果把積木塔比擬成生態圈，那麼每一根積木所代表的生物都是輸家，包括最上面三層自以為在遊戲規則裡不會被抽掉的人類。

提到「維持生物多樣性」，似乎人人都會掛在嘴裡，關心生態者也大致都能指出造成生物多樣性快速下降的主要原因如棲地消失、外來物種干擾、基因污染、過度開墾、氣候變遷……等，卻常常忽略了這些幾乎都與人類有關，所以愛德華・威爾遜在這些常被提及

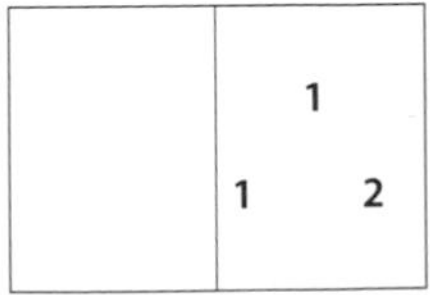

1. 熱帶雨林生態系如果崩解，受到影響的絕不會只有紅毛猩猩和犀鳥。婆羅洲雨林砍伐後改種無法蓄水及保土的油棕，不但經常發生洪患損害居民生活，也把大量泥流沖入海中摧毀了珊瑚礁生態系統，導致海洋多樣性消失，連帶影響了漁業和旅遊業。

2. 馬來西亞山打根水上屋，居民被迫生活在潮水漂來的塑料垃圾堆裡，全球每年約有一千兩百七十萬噸塑膠廢棄物沖入海洋。

的原因之外還加上了一個「地球人口太多」，這個關鍵因素正是其它所有原因的主因，尤其人類有許多日常行為正在加速消耗大自然、摧毀生物多樣性卻不自知，如果我們不能夠學會節制，學會在取用地球資源時盡力維持生態的平衡，生物多樣性消失的速度恐怕只會有增無減。

想想我們在生活中汰換了多少還能使用的木製家具，因而加速了森林砍伐；丟棄了多少流行過季而不敢再穿上街的衣服、鞋子、背包，間接擴大了棉花種植面積和石化工業規模；倒掉多少請客時為了面子超量點菜而沒有吃完的食物，或是在付費吃到飽餐廳把美食拚命塞進胃裡一直撐到喉頭，使得更多生物棲地被開墾成為生產糧食的農田或牧場，更多海洋魚類遭到捕撈；每天製造了多少廢棄物，丟給垃圾車堆在離家遙遠的填埋場眼不見為淨；使用了多少不易分解的一次性塑橡膠製品，讓地球再也難以自然循環，讓海龜吞食塑料「水母」、鳥類吃下橡皮筋「蟲子」而死亡；每天消耗了多少電力，迫使政府不得不蓋更多發電廠，燒更多的燃料或是砍樹種光電；是不是一面喊著反水庫，一面毫無節制打開水龍頭嘩啦嘩啦的沖洗；總是喜歡觀賞或飼養、種植新奇有趣的動植物，以致許多物種被跨境引入異地結果泛濫成災……

這幾年世界各地的空氣和水循環經常出現嚴重問題，人們卻只認為是「天災」，從來不去思考地球的肺臟和腎臟受損是過度砍伐雨林的「人禍」，是我們經常換新家具、浪費紙張以及大量消耗棕櫚油產品的結果。熱帶雨林佔陸地面積不到百分之十，卻擁有全球百分之五十到七十的物種，如果雨林生態系崩解，受到影響最大的絕不會只有紅毛猩猩和犀鳥，而是面臨溫度上升、氣候紊亂的人類和全球生物。我們丟棄的塑膠製品沖入海洋成為「塑料濃湯」也不會只吃進海龜、鯨豚和魚蝦肚子裡，這些塑料微粒和環境荷爾蒙很快就會透過食物鏈回到你我的餐桌上；當生態系統失去健康、失去了自然修復的能力，當積木塔結構愈來愈脆弱而在瞬間倒塌，最終無法過下去的也將包括始作俑者人類，沒有人會是局外人。

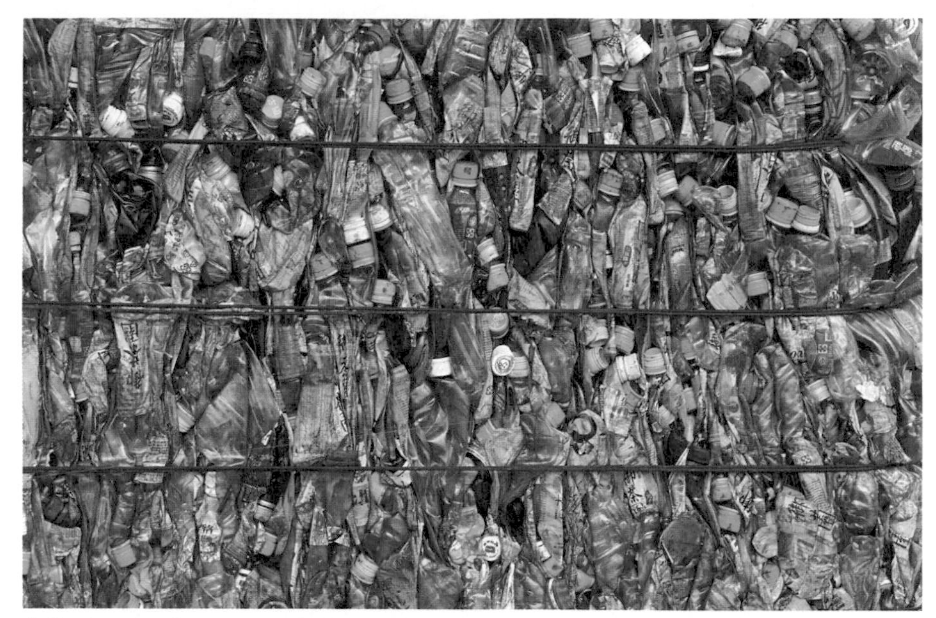

臺灣一年回收的寶特瓶約有四十五億支，大約可以堆成三座一〇一大樓，這還不包括沒有回收的部分以及其它塑料廢棄物。

大臺北地區每天製造的廢棄物，曾經有數十年直接堆置在淡水河流域二十一處高灘地垃圾填埋場。

人類能夠再「創造」一個地球嗎

有一部科幻電影描述太空植物學家因為意外襲擊的沙塵暴被獨自困在火星實驗基地，靠著燒登陸艇燃料「聯氨」造水加上自己和其他太空人留下的排泄物種植馬鈴薯撐過了五百多個「火星日」直到救援太空船抵達。電影上映後引發許多討論，除了大氣壓力、氣溫完全不同以及火星土壤所含高氯酸鹽成份對地球生物有毒等因素之外，究竟能不能在封閉環境裡只靠簡單的幾種物質循環就足夠人類存活呢？這讓我想起小時候看過的故事，有個人說他只要帶著雞和狗就能長途旅行，雞每天生一顆蛋給人吃，人的便便給狗吃，而雞就吃狗的便便……當然這就只是個趣味故事或笑話，不過世上還真有在簡單生態系統下可以存活的生物，而且還被做成觀賞商品「生態球」，最常見的就是把夏威夷紅蝦和藻類封在密閉的海水玻璃球裡，只要有陽光就可以維持非常多年；也有人用淡水藻類、水草、小生物自製封閉生態瓶，已知最長有超過五十年的紀錄。

當然人類並不是小蝦或微生物，不過，在真實世界裡不僅美國、俄羅斯等航太先驅國一直都在太空站進行各項種植實驗，也在地球上進行以人類可生存為目標的封閉生態系統研究。一九八七年有一群民間科學家獲得資助，耗資數億美元在美國亞利桑那州建造了一座佔地一點二七公頃的巨大封閉建築，稱為「第二生物圈」，命名由來是基於我們所生存的「第一生物圈」也就是地球，這個「與世隔絕」的實驗站就像生態球放大版，試圖模擬生物多樣性，建構永續循環的人造封閉環境。科學家從第一生物圈搬入水、土壤、微生物並選擇了具有代表性的各種動物、植物，嚐試建構稀樹草原、雲霧沙漠、紅樹林濕地、熱帶雨林、珊瑚礁海洋以及農場等六種自給自足的微型生態循環系統，探索太空移民或在地球環境惡化之後成為庇護方舟的可能性。

一九九一年硬體完成後，挑選了雨林生態學家、海洋生態學家、醫學博士、航太相關人員等四名男性和四名女性志願者進入「第二

隨手拼貼的婆羅洲鳥類和蛙類，不知是豆腐皮海苔壽司模仿了圖上的小蛙，還是這隻青蛙模仿了壽司。熱帶雨林佔陸地面積不到百分之十，卻擁有全球百分之五十到七十的物種，我們沒見過的永遠比見過的多。

生物圈」開始與世隔絕的生活，整體而言這個看似瘋狂的計畫具有相當高的科學成就和歷史意義，但在九一到九三為期兩年的第一次實驗裡也點出了更多足供人類省思的問題。雖然組員們種出了人類農業史上單位面積最高產量的作物，但還是不足以完全供應生活所需，最後仍有百分之十七的食物來自「閉關」前所儲備；人類和農場中禽畜的排泄物百分之百得到處理，水分也能有效循環，但很快就發現空氣品質嚴重惡化，氧氣濃度不斷下降，受試者也出現缺氧倦怠的狀況，二氧化碳濃度更是超過預期的升高，迫使實驗團隊兩度從第一生物圈額外補充氧氣，也加裝了需要電能運作的二氧化碳回收設備。

整個實驗過程裡，二十四種脊椎動物當中有十九種滅絕，大部分授粉昆蟲也消失導致開花植物的繁衍跟著出現問題；原定用來吸收二氧化碳的牽牛花生長超過預期，覆蓋了其它植物；適應環境的蟑螂成為優勢物種到處活動，意外夾帶進入的長角立毛蟻也強勢發展，排擠了其它計畫性移入的螞蟻；生態系統並沒有按照科學家所預期的平衡運作，而是按照自己的「平衡」發展。另外整個系統還需要大量電力維持，比如在夏季時啟動空調避免「溫室效應」使內部飆升到足以讓大部分生物致命的高溫，或是用來控制濕度以模擬乾燥的沙漠環境、潮濕的雨林氣候等，珊瑚礁海洋也使用了過濾器才能避免藻類過度增生，問題是第二生物圈設置的太陽能發電系統並無法供應足夠能源，所有電力主要來自天然氣和柴油發電機，而這些能源和設備都是在「第一生物圈」地球所開採、製造，並非來自內部循環可以得到。

顯然自以為萬物之靈的人類想要再「創造另一個地球」的能力完全不足，維持生態穩定的「生物多樣性」也絕非把少數經過篩選的物種帶上方舟就能夠達成。生物多樣性的關鍵不只在「多樣」而是各種生物間經過長期演化所發展出複雜微妙而穩定的相互依存網絡，避免因為某些物種消失就出現災難性崩解，就像科幻電影中在火星種植馬鈴薯維生的主角，因為一次意外爆炸導致馬鈴薯苗全毀，只能開始計算剩餘存糧還能夠讓自己活多久。然而人類許多行為正不斷加速破壞讓第一生物圈（其實是唯一生物圈）穩定的多樣性而不自覺，或雖然知道這些問題卻自以為能夠控制而太過輕忽。

婆羅洲砂拉越，低空俯瞰隆拉浪熱帶雨林樹冠層；地球並非我們的「第一生物圈」而是「唯一生物圈」。

看得出來這是什麼動物嗎？答案是螳螂：怪異新弓螳，弓螳科，新弓螳屬，攝於婆羅洲丹濃谷自然保護區。

少了蜜蜂，並非只是少了蜂蜜

因為關鍵物種消失而發生「災難性崩解」並非只是電影情節，在現實世界裡早就已經出現這樣的警訊。所有昆蟲當中，蜜蜂和人類的關係遠比一般人所想的更複雜而重要，如果少了蜜蜂，絕非只是早餐沒有蜂蜜可以塗麵包而已，餐桌上許多食物恐怕都要消失，一份日內瓦大學的報告指出，野生或養殖蜜蜂是非常重要的授粉昆蟲，全世界主要食用的一百種作物當中有七十一種或多或少都仰賴蜜蜂授粉。尤其現代經濟農業多為集約化大面積生產單一作物，或是在大棚溫室、垂直農場等隔離封閉的設施裡種植，在耕作範圍內幾乎少有或根本不會有天然授粉昆蟲，因此通常是和養蜂人互惠結盟，租用蜂箱進行授粉。現在也有愈來愈多專門養殖熊蜂出售給室內農場授粉的新行業，熊蜂屬同樣是蜜蜂科的成員，體型較大而耐力更好，授粉效率比蜜蜂屬高；臺灣生產的番茄有許多已經改在室內隔離環境種植，在夏季高溫時通常都是噴灑生長調節劑才能促進著果，如果不使用這類化學荷爾蒙就得靠機械振動授粉或是請熊蜂、蜜蜂幫忙，實驗結果顯示熊蜂或蜜蜂授粉的著果率比噴藥或機械振動高出許多，果實和種子的品質也更好。

最近二十多年來，世界各地的蜜蜂忽然大量消失，一九九四年法國蜂農發現巢箱內少了很多採蜜的工蜂，認為很可能與當地農民播種玉米、向日葵之前用殺蟲劑「益達胺」浸泡種子防蟲以提高發芽率有關，經過法國農業部初步調查，一九九九年先預防性停用此藥並委由專家小組深入研究。二〇〇三年在法國南部又發生蜜蜂大量死亡，這次的事件證實與另一種常用於浸泡種子的農藥「芬普尼」有關，此藥同樣遭到停用。同年九月法國農業部委託的專案研究《益達胺用於浸泡種子與蜂群障礙之總結報告》完成，確認浸泡種子的益達胺會殘留在土壤中直到農作物開花，並且經由根部吸收後輸送到花朵，在工蜂採回的花蜜和花粉裡都能檢出相當劑量，足以造成工蜂、內勤蜂和幼蟲慢性中毒而出現神經症狀，包括學習能力和方向判斷都可能出現問題，農業部因此禁用了益達胺。

	1	2
	3	4

1. 蜜蜂對人類最大的貢獻並非生產蜂蜜，而是替開花的蔬菜、水果授粉。
2. 熊蜂與絲瓜花，人們在餐桌謝飯時總是感謝辛苦的農夫，從來很少會想到應該感謝幫忙授粉的昆蟲。
3. 前一天我才看著這片玉米田噴灑農藥，第二天就有許多蜜蜂飛來在雄花上採蜜，不禁令人擔憂這群工蜂和整個蜂群的命運。
4. 一個物種的數量失衡究竟會有多大影響呢？一九五八年中國大陸展開「除四害」運動，要求全民總動員消滅蒼蠅、蚊子、老鼠、麻雀。因為麻雀會吃穀子，不到一年就被撲殺了兩億隻，結果連續兩年稻米更嚴重歉收，中科院專家解剖麻雀的胃部發現牠們吃掉的蟲子遠比穀物還多，天敵減少後毀損農作的田間害蟲反而大量增加，因此在六〇年立刻將麻雀移出了「四害」名單，當時還從蘇聯進口百萬隻麻雀以加速恢復種群。

二〇〇六年以降，美國、歐洲、日本各地也陸續發現養殖和野生的蜂群數量都快速減少，美國在二〇〇六至〇七年間養蜂業就萎縮了四分之一，英國在〇七至〇八年間減少了百分之三十，這個現象震驚了各界，因為蜜蜂對自然界和人類的主要貢獻並非生產蜂蜜，而是替開花植物授粉，少了蜜蜂的協助將可能使許多蔬菜、水果無法順利結果，導致大規模農業災難！科學家給這個現象訂出了一個專有名稱：蜂群崩潰症候群。

造成蜜蜂大量減少的原因仍難有定論，研究指出可能綜合了多種複雜因素，包括：農用殺蟲劑如益達胺、可尼丁、芬普尼等殘留在花蜜、花粉當中；有些地區則可能是因為蜂蟎寄生量增加，或蜂農使用了過量抗生素和殺蟎劑反而傷害了蜜蜂；也有些衰落的蜂群被檢出了寄生真菌……等。其中許多研究都認為農藥殘留的影響不可忽視，二〇一三年歐洲食品安全局的一份報告認定益達胺等「類尼古丁農藥」對蜜蜂有重大風險，最終歐盟成員國投票通過全面禁用包括益達胺在內的三種「類尼古丁」農藥。二〇一四年臺灣大學昆蟲系楊恩誠團隊的研究也證實，即使益達胺濃度只有十億分之一，也會影響蜜蜂的神經系統發育，出現學習和記憶障礙。

四川雅安漢源縣盛產梨，由於使用農藥過量導致蜜蜂消失，從一九八〇年代開始只好以人工授粉，每年四月梨花盛開時工人要爬上樹拿軟毛刷把雄蕊的花粉刷下來，用紙包著放在燈泡箱裡烘乾兩天，再用小竹桿綁著雞毛沾這些乾燥花粉輕觸每一朵花的雌蕊柱頭。一名熟練的工人每天爬上爬下大概可以完成三十棵梨樹的授粉工作，同樣時間裡一箱蜜蜂能為三百萬朵花授粉，人工授粉不但速度慢，成本也高了很多，而且還沒有「花蜜」副產品。相同情況也發生在二十世紀初就以種植蘋果聞名的四川茂縣，自從使用農藥後也失去了幫忙的蜜蜂，果農們在蘋果開花時只能採用人工授粉。

蘋果和梨都是高度依賴蜂類授粉的作物，為什麼果農不租用蜂箱或乾脆自己養蜂還能增加額外的收入呢？關鍵問題還是在農法，有一份農業調查報告中提到了茂縣附近並非沒有養蜂業，但因為果農常使用高劑量農藥，養蜂人除了擔心採回的蜂蜜被檢出殘留農藥更擔心自己蜜蜂的安全，根本不願意靠近蘋果產區更不願出租蜂箱。其實種梨的雅安縣也曾經試著輔導農民養東方蜂，但同樣因為難以改變農藥使用習慣而作罷，大家寧可每年拿著雞毛桿子爬到樹上人工授粉。有鑒於世界各地蜂群衰落的問題，日本、美國甚至已有科學家設計出微型「授粉蜜蜂」無人機，但也有人認為這類機械蜜蜂要飛出實驗室真正替一棵開了數千、上萬朵花的果樹授粉有實際難度，不如將研究時間和精神花在如何拯救自然蜜蜂族群並改善農業對殺蟲劑的依賴。

臺灣的養蜂業同樣也面臨蜂群減少問題，農委會防檢局召集專家會議後曾經在二〇一七年至一九年間禁用益達胺、賽速安、可尼丁等三種農藥，但期限一過又完全解禁了，截至二〇二一年，這些農藥在防檢局官網上仍是許可用藥。臺灣的農藥使用量一向非常高，雖然目前或許還未能感受到明顯的「蜂群崩潰症候群」，但從世界各地因為蜂群消失而付出高額成本的警訊來看，仍應未雨綢繆，由政府明訂更嚴格的農藥禁用或使用準則。美國一年大約就要花費九百億美元替果樹人工授粉，這還不包括瓜類、蕃茄等高度仰賴蜜蜂授粉的作物，如果世界上少了蜜蜂，就算我們的餐桌還能擺滿蔬菜水果，吃一餐飯的成本也將變得非常貴。

農藥中毒後掉落地面掙扎爬行的蜜蜂，最後吐出口器、伸長尾針死亡。

究竟是誰「入侵」了誰的正常生活

在第二生物圈實驗中，意外夾帶進入的長角立毛蟻排擠了其它螞蟻發展成為優勢種，也破壞了科學家所設計的平衡發展。現實生活裡，地球生物也常隨著人類活動而擴散，這些擴散並非始於今日，史前人類遷移時就會攜帶動植物「農業包裹」以滿足生活所需，有時人類學家還可以根據這些農業包裹的分布來推斷各族群彼此間的文化關係，比如南島民族攜帶傳播的「構樹」與樹皮布文化。而這些生活物資往往也會夾帶了小動物、蟲卵、體內外寄生蟲或種子等意外的偷渡者，不過早期人類並不容易長距離遷移或攜帶大量物資，隨之擴散的物種也有限，還不至於造成大規模或太嚴重的影響。

自從近代人類發明大型航海船舶和火車、汽車、飛機等快速又能夠大量載運的交通工具，異地物種的遷移和影響也變得更為複雜而嚴重，在生態上有個著名的例子就是進入關島的棕樹蛇。二次大戰後，約在一九五二年或更早之前美軍運送物資時意外夾帶了原生於澳洲和新幾內亞的棕樹蛇進入關島，這個太平洋中的小島原本無蛇，因此很多動物並沒有演化出針對蛇類的防禦機制，島上也沒有蛇類的天敵，在極短時間裡，快速繁衍的棕樹蛇已經造成十二種鳥類滅絕，其中有些還是當地特有種如關島闊嘴鳥。

鳥類滅絕只是問題的開始，研究顯示許多依靠鳥類授粉或傳播種子的植物繁衍率也跟著明顯降低，森林無法正常循環演替而開始老化。棕樹蛇在關島的數量估計曾高達兩百萬條，雖然在鳥類消失後種群也隨著食物來源減少而稍有下降，但總數仍然超過百萬，對數量岌岌可危的僅存鳥類和果蝠等仍是極大威脅。為了拯救瀕危的生態系，美國農業部門只好使用非常激烈的手段，針對棕樹蛇也食腐的特性在死老鼠體內塞滿對乙醯氨基酚（知名解熱鎮痛藥的主成分），使用特製空降板從飛機投下掛在樹上，讓棕樹蛇食用後中毒死亡；這項計畫從二〇一三年起在機場周邊等重點區域試行，目前仍無法控制全島的棕樹蛇。

對於強勢的外來種生物，人類似乎也只能採取更強勢的手段介入試圖彌補自己的過失。說來非自願進入關島的棕樹蛇有何罪過呢？牠們也只是基於生物本能，意外被帶離原鄉後在異地落土求生、努力存活；而無論人類如何彌補，島上已經絕種的鳥也終究無法再現。

1
2

1. 一隻搭便車的蜥蜴，不知牠會在哪裡落腳展開新生活。

2. 自美洲引進的寵物綠鬣蜥已在臺灣南部野外泛濫成災，農委會每年捕殺數千隻仍難以完全移除，二〇二〇年九月一日起持有綠鬣蜥繼續飼養者需登記，並不得任意繁殖或棄養。

無從選擇的生與死

讓棕樹蛇中毒死亡是否「人道」，引起了不少善待動物人士的關切，而類似的爭議也同樣發生在臺灣。一九八四年颱風天從北部野生動物園破損鳥籠逸出了六隻埃及聖䴉，多年後已經在臺灣野外繁衍成龐大族群。二〇〇九年一月，農委會林務局曾經委託臺灣大學森林環境系協同各地鳥會做過「外來種埃及聖䴉對於臺灣地區鳥類生態影響之研究」，當時粗估數量大約五、六百隻，報告裡針對「處理緊迫性」項目在四到二十分當中（二十分代表緊迫性最高）僅為六分，且結論是與原生鳥類競爭情況並不明顯。同時報告裡也建議了六種移除方式：套環、槍網、捕捉雛鳥、破壞繁殖巢、毒餌及射殺；但考量當時緊迫性不高而且毒餌或陷阱等可能無差別傷害其它生物，這些方法都沒有真正的執行。

接下來幾年裡，野外的埃及聖䴉數量愈來愈多，林務局為了防範這些鳥侵佔本土鷺科鳥類的繁殖地也競爭食物，認為等問題更嚴重再開始控制恐怕難以收拾，於是編列經費仿效美國農業部的做法，選定幾個樣點對巢蛋噴玉米油使蛋殼上的氣孔阻塞而無法順利發育，此法雖然有效而且較為「人道」，但是因為很多築巢地點位於沼澤濕地難以到達，在少數樣點噴油對於降低整體數量並無明顯助益。二〇一九年全臺埃及聖䴉數量已高達一萬四千隻，林務局只好改採強勢的控制手段，以人力移除五千多顆鳥蛋、一千多隻幼鳥及部份亞成鳥，也委請原住民獵人射殺了八百多隻成鳥；二〇二〇年又擴大移除射殺了數千隻成鳥，目前全臺灣的埃及聖䴉已下降至兩千隻左右，目標則是希望能夠全面移除，以免當年只有六隻逸鳥就繁殖上萬的事情重演，但實際上恐怕難度極高，或許只能逐年控制在「可容忍」程度以共存了。

埃及聖䴉在原生地是「非洲 - 歐亞遷徙水鳥保護協定」所保護的物種。在古代埃及，聖䴉更是創造文字並掌管智慧、數學、醫藥、文藝的托特神化身，認為牠能對抗蛇及蒼蠅所帶來的災病危害，金

從野生動物園逸出野外的六隻埃及聖䴉，經過三十多年在臺灣野外繁衍成一萬四千多隻；幼鳥和亞成鳥有頸羽，成鳥為黑色裸皮；不知牠們是否逃過了這兩年的「移除」大獵殺。

字塔內也常可見到聖䴉壁畫和棺槨彩繪或聖䴉木乃伊，所以埃及聖䴉又被稱為神聖朱鷺。林務局進行撲殺時同樣也有人為這些埃及神話中美麗的大鳥請命，認為鳥是無辜的，而且牠們也經常吃福壽螺等危害農業的外來種，形成了新的食物鏈，或許有助於穩定平衡生態。但公部門最後仍決定強勢移除，只能說埃及聖䴉和棕樹蛇都是人類一手造成的生態悲劇裡毫無選擇權的犧牲者，而這類的犧牲究竟會不會讓人類得到經驗教訓，還是在移除這些「入侵者」後自覺彌補了過錯，很快又將一切拋諸腦後呢？

由於埃及聖䴉體型較大又有群聚繁殖的習性，在每年繁殖期藉助空拍機等設備搜尋繁殖地加以移除的成效非常高，在此之前，其實林務局也曾經和鳥類學會試行移除淡水河域外來種八哥和椋鳥，但最終以失敗收場。經由寵物市場引進後逸出野外繁殖的八哥適應能力極強，邊坡擋土牆或高架道路排水孔、路燈號誌桿、室外冷氣架……幾乎都能見到白尾八哥、家八哥築巢繁殖，其餘外來的椋鳥科如黑領椋鳥、絲光椋鳥、輝椋鳥……也早已擴散全臺，霸佔了臺灣原生種八哥的生存空間。根據嘉義大學許富雄老師的研究，白尾八哥等外來種大約已佔臺灣野外八哥族群百分之九十五的比例，原生種的八哥恐怕只剩下不到百分之五，甚至有可能從臺灣這塊土地上消失。雖然農委會在二〇〇八年將臺灣原生八哥列為二級保育類動物，但如果只有這類宣示性的提升保育等級而沒有積極作為，對原生種八哥的保護很難有實質助益。

面對臺灣野外還有更多早已四處繁殖的外來種鳥類，如鵲鴝、大陸畫眉、環頸雉高麗亞種、黑頭織雀、各種小型鸚鵡……還有因為「放生」而大量被釋放到野外的各種文鳥等。如果只是不斷補破網式的移除，不但耗費龐大成本，其實也很難根除，加上各種逸出或棄置的經濟養殖動物、觀賞水族、寵物爬蟲類、昆蟲等，如早已佔領各處天然、人工水域的尼羅口孵非鯽（俗名吳郭魚）、翼甲鯰（俗名垃圾魚、琵琶鼠、魔鬼魚）和食蚊魚（俗名大肚魚），以及意外夾帶進入的紅火蟻、沙氏變色蜥……等，近數十年來臺灣野外已逐漸失去了原有的生態樣貌。

這些外來種生物除了強勢佔領生存資源，排擠原生物種，還有一些動物如環頸雉、畫眉的近緣亞種也與臺灣本土種出現雜交，另外，在寵物市場高價利誘下，也常有人走私進口動物而可能夾帶了寄生蟲或病原。政府真正應該做的或許不只是移除，而是從源頭嚴格控管引入生物和查緝走私，在外來種動植物輸入前更仔細的評估這些生物一旦不慎逸出野外是否會形成難以控制的族群，像紐西蘭等許多國家一樣，訂出更嚴格的管制辦法，並正面表列禁止輸入物種名單。

	1	3
	2	

1. 寵物引進的八哥已成為臺灣野外優勢族群，圖為家八哥。
2. 臺灣原生種象牙色嘴喙的八哥恐怕只剩下不到百分之五。
3. 阿美族光榮部落青年在祭典最後一天「巴嘎浪」捕魚式所抓到的翼甲鯰（垃圾魚），這種用吸盤貼着水族箱玻璃的小傢伙在野外可長到四、五十公分。

紅火蟻身上的「異形」寄生

除了人為合法引進或走私的動物，隨著全球經濟活動愈來愈頻繁，臺灣也有許多像關島棕樹蛇一樣隨著人類運輸物品意外夾帶入境的外來生物，如跟著園藝或農業植栽進入，影響了白頷樹蛙生存的斑腿泛樹蛙、造成嚴重農損的秋行軍蟲；同樣跟著園藝苗木來到臺灣，已繁殖上百萬隻與本土攀蜥競爭棲地甚至會捕食小攀蜥的沙氏變色蜥；搭乘東南亞原木「便船」入境臺灣，排擠其它蜥蜴生存的多線南蜥；隨著貨櫃夾帶進入的紅火蟻等。

臺灣在二〇〇三年首度於桃園機場附近的貨櫃場一帶發現紅火蟻，根據蟻巢發展狀況推測可能兩、三年前或更早便已入境，也就是至今已有二十年了，目前也和澳洲、美國南部各州一樣，只能與之妥協，無法根除。很多人把這種螞蟻稱為「入侵紅火蟻」，當然這只是為了方便描述外來種對生態環境影響程度的區分用詞：歸化種、外來種、入侵種。但我個人認為「紅火蟻」就足夠清楚指述這個物種，實在沒有必要加上入侵兩個字，何況這些螞蟻就像所有被迫離開原鄉的生物，何曾有主動「入侵」的意圖呢？加上這個詞也有點試圖卸責把人為過失推給螞蟻的味道。

談到紅火蟻，許多人最直接而負面的印象大概就是被牠們螫到會劇烈疼痛而且常常起水皰，嚴重的會引發強烈過敏反應而出現心悸甚至休克等症狀，當然過敏程度可能因為體質或當時身體狀況而異，我在臺北市拍攝記錄北門圓環發現的紅火蟻時不小心被螫了好幾針，幸好只有輕微痛感也沒有起水皰。除了對人類的直接危害，紅火蟻也會攻擊其它生物，比如獵食土中的蚯蚓，直接取食農作或干擾植物根系生長等，另外其實牠們也獵食了危害農作物的蟲子，但整體而言紅火蟻造成的鉅大農業損失還是讓人們決定除之而後快。美國食品及藥物管理局估計一年花在紅火蟻擴散區的醫療、經濟損失和防治費用高達五十億美元；澳洲在二〇〇一年發現紅火蟻之初，花費數億美元很快控制了災情，但因為港口貿易頻繁加上殘留的蟻群重新繁殖，至今蟻災還是不斷擴散，目前正進行第七次消滅紅火蟻計畫，預計在十年內花費四億美元。

在南美有一種非常微小的寄生性蚤蠅是紅火蟻天敵，雌蠅螫刺產卵在外出的工蟻身上，蠅蛆孵化後寄生在紅火蟻體內吸收營養長大，等到終齡準備化蛹時，幼蟲就會爬到宿主頭部並分泌特殊信息素驅使它離開蟻巢爬出地面，不久後受到刺激的紅火蟻頭部會斷掉脫落，幼蟲便能鑽入土中化蛹，整個過程實在是非常驚人就像電影「異形」般的寄生性演化。經過研究，這種蚤蠅在原生地和實驗室裡似乎都有專一性只攻擊紅火蟻，如果做為防治天敵應該非常適合，不過仍然沒有人敢冒險引入紅火蟻的擴散區，再嚴謹的實驗都無法保證這種寄生性昆蟲離開實驗室到了新環境，會不會改變習性攻擊當地種的螞蟻；由於螞蟻在生態上有非常重要的位置，一旦本土螞蟻遭到這些外來種攻擊，其連帶影響甚至有可能更嚴重反而成為新的災難。

臺灣的「紅火蟻防治中心」曾經嘗試以「高溫蒸氣」或「低溫液態氮」打洞灌入蟻巢，雖然有效而且可以避免化學藥劑殘留土壤問題，但因成本太高，目前仍是以餌劑誘殺為主。紅火蟻發展成大群後會有明顯突出地面約二、三十公分的蟻丘可辨識，在蟻丘附近以餌料摻入百利普芬、二福隆、美賜平等核准用藥，透過工蟻將食物帶回巢，慢慢累積在蟻后體內而達到滅殺蟻群效果。除了目視成熟蟻丘，屏科大也挑選米格魯訓練出紅火蟻嗅聞犬，可偵測發展初期小型蟻群的氣味，但要大量訓練犬隻全面執勤有困難度，這項利器主要用於機場區域和海關貨櫃檢查。

然而無論人們如何努力善後，由於螞蟻成功的繁殖策略，任何地方想要完全消滅外來紅火蟻幾乎是不可能的事情，其中一個原因在於它們的飛行擴散能力。螞蟻並非在地面或草葉上婚配而是在空中，我見過幾次，其中一次是在二十八樓窗外大約一百二十公尺的高空，有些螞蟻配對交尾後還飛過來貼在窗玻璃上，正好讓我有機會清楚觀察。大自然的神奇奧妙實在讓人驚嘆，這些螞蟻並沒有電話、沒有社群網路也不用「加好友」，同種的繁殖蟻會在相同期間發育，並且在特定的時間裡不約而同飛出巢穴群聚，在空中就完成配對、交尾，稱為「婚飛」；說是不約而同，其實它們當然還是靠著大自然精密的聯絡系統「費洛蒙信息」訂好了約會的時間。

婚飛交尾的繁殖蟻落地後，完成此生唯一任務的雄蟻很快就死去，雌蟻第一件事就是卸除自己不會再用到的翅膀，只見它張開雙翅伸展，用腳向前撥動再轉頭以大顎咬住，一片一片用力扯下，每次看到這樣的情景都感覺「好痛」，但這也是雌蟻基因設定好的必要生存策略，無所謂痛不痛吧。之後無翅一身輕的準蟻后就會按照各自族群的營巢習性找一個土洞、石縫或樹洞鑽進去，產下第一批受精卵親自照顧，等到有了自己的工蟻，它就只要負責產卵，開始建立一個新的螞蟻王「巢」。

因此只要有成熟的紅火蟻巢出現，加上繁殖蟻成功「婚飛」快速擴散，根本就難以全面清除，也就是人類只能自食其果，長期和這些被迫離開南美而落地求生的螞蟻共存了。

	2
	3
1	

1. 紅火蟻的工蟻體長約四公釐，兵蟻體長約七公釐。

2. 隨著人類運輸貨物而擴散至世界各地的紅火蟻，進入臺灣已二十年。

3. 婆羅洲熱帶雨林，體長約二點五公分的巨型螞蟻，雌蟻婚飛交尾落地後第一件事就是用大顎卸除自己的翅膀。

失控的生物防治

生物防治上有一句常用的比喻：敵人的敵人就是朋友。隨著環境保護逐漸受到重視，運用天敵的「生物防治」的確也成為減少使用農藥的友善方法之一，比如釋放草蛉或肉食性瓢蟲吃花園或菜園裡的蚜蟲，用寄生性昆蟲如寄生蜂防治蛾類幼蟲，在農園噴灑特定真菌孢子如使用白殭菌感染蛾類幼蟲、使用綠殭菌防治同翅亞目昆蟲等。

科學性的生物防治技術發展於十九世紀，一八四一年德國生物學家拉茲堡在《森林破壞者和它們的敵人》一書中詳述了他畢生在林業學上所研究的各種蟲害與天敵；一八四四年義大利人安東尼奧·維拉在花園中釋放步行蟲及隱翅蟲以控制蟲害，並以此獲得了義大利昆蟲學金獎；一八九七年法國生物學家保羅·馬歇爾發表論文《昆蟲與寄生蟲種群數量之平衡關係》，認為農作物害蟲的數量會使寄主的數量增加，當宿主種群受到寄生而崩潰，寄主的種群也會隨之崩潰。這類方興未艾的研究，也為二十世紀的生物防治奠定了知識基礎。

一八六八年吹綿介殼蟲進入美國加州，逐漸對柑橘產業造成嚴重危害，一八八八年科學家從澳洲引進瓢蟲，成功防治了柑橘吹綿介殼蟲；一九〇三年，美國加州園藝協會在舊金山建立了第一個「天敵實驗室」，專門收集、研究並繁殖農業害蟲的天敵。雖然在一九四二年著名的農藥 DDT 問世後，生物防治似乎逐漸被各種快速發展的化學合成殺蟲劑取代而受到冷落，但農藥進入食物鏈對生態的影響也很快使得環境出現了各種問題，一九六二年瑞秋·卡森出版《寂靜的春天》指出 DDT 對地球生態的傷害，這本書不但喚醒了全世界的環保意識，促使許多國家禁用此種有機氯農藥，也讓科學家重拾對環境傷害相對較小的生物防治研究。

直到今天，生物防治依舊被使用在農業、園藝上，然而即使經過嚴謹的實驗評估，大自然永遠還是會出現科學家意料之外的變數，而使得敵人的敵人變成了「老朋友的新敵人」，或許這也是為什麼很多地方始終不敢引進寄生蚤蠅防治紅火蟻的原因。在生物防治上失控的例子非常多，澳洲引進蔗蟾（海蟾蜍）用來防治危害甘蔗園的金龜子就是非常著名的失敗例子。

蔗蟾原生熱帶美洲，體型很大，又名美洲巨蟾，最重記錄為二點六五公斤，成熟個體通常超過十公分，可以捕食昆蟲、爬行動物、兩棲類甚至小型鳥類、嚙齒目等，雌蛙的繁殖能力也非常驚人，每次假交配可產下數千顆卵。二十世紀初蔗蟾被引進加勒比海的波多黎各用於防治甘蔗園害蟲，結果非常成功，因此從一九三〇年代起，這個生物防治明星開始被許多農業國家引進。

野生的甘蔗原產於新幾內亞，一八六二年成功引進澳洲東部種植，短短五年就擴展到八百公頃面積，蔗糖成為非常重要的出口產業。然而隨著大面積單一化作物出現，原本的生物多樣性也完全崩解，只有少數適應甘蔗農園新環境的生物成為優勢物種，其中又以澳洲原生種灰背金龜最為成功，此種金龜子幼蟲以啃食甘蔗根部維生，由於棲地環境被人類改變成農園而使天敵減少，加上食物來源大增，大量繁殖的灰背金龜自此成為澳洲蔗糖業除之不去的噩夢，也造成了巨大的農損。有鑒於三〇年代蔗蟾引進波多黎各的成功經驗，澳洲政府在一九三五年八月實驗性的從夏威夷引進了一〇二隻蔗蟾釋放到甘蔗園，並且進行了一年多的研究認為效果非常顯著，隨後開始大規模釋放，到一九三七年三月總共野放了六萬兩千隻蔗蟾。

然而快速繁殖的蔗蟾除了吃掉一些灰背金龜和甘蔗園害蟲，也開始吃其它原生動物，更糟的是當地有許多掠食者因為誤食蔗蟾而中毒。蔗蟾耳後腺分泌物有很強的毒素，也是南美原住民使用的箭毒之一，不過幼蛙時期皮膚上還沒有足夠強的毒性可以自保，在原生地常會遭到天敵如凱門鱷、圓鼻巨蜥、蛇類、魚類、美洲鶚、子彈蟻等捕食，能夠順利成長的個體據估計僅有百分之零點五；但在多數引入蔗蟾防治農園害蟲的地區並沒有足夠天敵可以平衡其數量，如果環境適宜加上食物充足，牠們很快就會成為優勢物種，澳洲的情況便是如此，而當地掠食動物在演化經驗裡又從未接觸過這種外來生物，並不知道其成體的毒性。

起先有人注意到家犬可能因為好奇攻擊蔗蟾後中毒死亡，後來陸續發現有許多野生動物也中毒。在兩項分別針對澳洲特有種動物北方帶鼬和莫頓巨蜥受到蔗蟾影響的監測當中，有蔗蟾擴散繁殖的樣區這些動物數量明顯下降，甚至在半年後未再監測到北方帶鼬，檢視樣區內死亡個體原因有百分之三十一是攝入毒性物質，而未遭蔗蟾入侵的對照樣區則維持穩定種群。澳洲本土掠食動物如眼斑巨蜥、澳洲特有種莫頓巨蜥、特有種南棘蛇、棕伊奧蛇、特有種澳洲淡水鱷等，都曾因為攻擊或捕食蔗蟾而毒發身亡，這些食物鏈上層的物種減少，也使得生物多樣性失去了原本穩定的平衡；尤其當另一種代表性生物澳洲野犬也因為攻擊或捕食蔗蟾而死亡，更引起了各界的關注！

澳洲野犬（音譯丁狗）是非常古老的灰狼亞種，雖然並不是當地原生物種，但考古證據顯示此種動物的祖先至少在三千五百年前就隨著南島民族航海遷移來到了澳洲，長期隔離演化之後成為這塊大陸上特有的一支犬科種群。由於近三百年澳洲野犬和移民引入的家犬產生雜交，加上人類擴展農牧使牠們的野外棲地快速縮減，澳洲野犬已被國際自然保護聯盟列入紅色名錄「易危」物種，而加上蔗蟾毒害之後，種群瀕危的問題更形惡化。

在澳洲從事生態研究記錄的朋友告訴我，雖然當地政府不斷宣導蔗蟾已經嚴重危害家犬和野生動物，請大家見到蔗蟾務必協助移除，但無論政府和民間如何努力，根本無法消滅這個繼續擴散的優勢物種。為了挽救生存受到威脅的澳洲野犬族群，最後只好使出人為干預的「強迫學習」計畫，捕捉圈養幼犬，餵食小塊蔗蟾肉使其中毒難受但不會致命或受到永久傷害，經過長時間重複刺激訓練後讓這些犬隻學會記住蔗蟾的氣味和危險性，再野放使其教導新生代澳洲野犬；而這項計畫是否能挽救人類當初為了消滅農業害蟲引進蔗蟾所帶來的生態災難，仍有待時間驗證。

1	2
3	4

1. 草蛉幼蟲又名蚜獅，會把吃過的昆蟲殘渣和自己的蛻皮堆在身上偽裝，常被人類大量繁殖釋放到花園和農園防治蚜蟲。

2. 肉食性瓢蟲的幼蟲正在捕食介殼蟲。

3. 遭到白殭菌感染的蛾類幼蟲。

4. 農場附近遭到綠殭菌感染的蟬，生物防治同樣可能無差別攻擊了目標物種以外的其它生物。

花仙子變成了殺不死的樹妖

一個生物在非自然狀況下離開原生地，即使經過人類自以為縝密的實驗推演，都還無法完全預測大自然究竟會出現什麼變化，何況還有更多並未經過嚴密控管就引入的物種。原產南美的落葵薯又名洋落葵，英文俗名馬德拉藤，被人們引入世界許多地方做為綠籬觀賞植物，在某些地方如大陸、臺灣和東南亞還被當成食用蔬菜（臺灣市場上常誤用中名叫川七），多年來大家似乎並沒有聽說這個植物對臺灣或東南亞的生態環境造成什麼嚴重影響，在野外也很少見到大面積生長覆蓋，可能是環境條件限制也或許是因為它們都進了「天敵」人類的肚子。不過落葵薯被引入澳洲之後，卻成為當地政府必須擬定一份「全國五年戰略計畫」移除的物種。

在陽光和濕度充足的澳洲亞熱帶雨林，落葵薯藤蔓可以每星期延伸一公尺的速度成長，很快就攀上三、四十公尺高的樹冠層，濃密生長的葉片蔓延覆蓋造成大樹無法正常光合作用而衰亡，接近地面的莖部也成為粗大木質化纏勒藤，慢慢絞殺所攀附的大樹，密生的落葵薯藤蔓還會壓斷樹幹，倒落在地面繼續匍匐蔓延，影響了地表植被的生長。由於落葵薯對生態環境的威脅，在澳洲已被列為嚴格禁止銷售、贈送、種植或棄置野外的植物之一。

在臺灣或大多數引入落葵薯的地區，每年春夏之際都能見到它開滿細長潔白的穗狀花序，卻從未結果，但在澳洲一項從九〇年代末開始持續進行二十一年的調查發現，有百分之五的採樣標本結出了種子，這些種子從樹冠高處飄落或經由動物攜帶，四處發芽生長，幾乎已成為澳洲雨林除之不去的噩夢。其實落葵薯真正強勢的地方並非種子而是無性繁殖能力，此種植物絕對不能砍除，每一小段莖節落在地面都可能會長成新的植株，另外全年還可以不斷從老莖葉腋處生出指節大小的珠芽塊，每個珠芽塊上有許多芽點，脫離母株掉落地面後就能發育成新的植株，在澳洲的「重災區」甚至曾經記錄到每平方公尺地面有一千五百個珠芽。

對於這種簡直像古代神話裡永遠殺不死的怪物，澳洲政府只能逐年編列龐大預算移除以控制其蔓延。朋友工作的生物與生態機構就曾經接案負責清除，低矮或匍匐的植株相對比較簡單，直接噴灑除草劑，當然除草劑難免傷害了其它植物並且殘留在土壤中，但這也是「兩害相權取其輕」不得已的做法。而想要移除一株成功攀上樹冠層的落葵薯巨藤就不是那麼容易，得花上一年甚至更長時間，先定期多次把靠近根部的木質化藤莖剝皮後塗上強效除草劑，靠著植株維管束的輸送徹底殺死所有藤莖和珠芽上的生長點，之後還要斬草除根鋸斷已枯死的地面老藤，挖出深埋土中直徑可達二十公分、長度超過一公尺的塊莖徹底摧毀，只要一息尚存，這些塊莖可蟄伏土中多年後再度生長。

除了澳洲正式對落葵薯「宣戰」，紐西蘭也已將落葵薯列入「國家有害植物協議」當中，這份協議列出了三百多種可能帶來生態災難的植物，包括：臺灣百合、馬纓丹、忍冬、變色牽牛、蘆葦、空心蓮子草（長梗滿天星）、布袋蓮、粉綠狐尾藻……等，嚴格禁止栽種、繁殖及銷售，這些植物往往強勢生長，使一個地區的植被單一化，嚴重破壞了原有植物和動物的多樣性。

不要以為像落葵薯這類慘重的生態災難只發生在澳洲，原產南美的小花蔓澤蘭同樣也在臺灣野外攀緣密生，嚴重影響了樹木的光合作用，導致被攀爬覆蓋的植物衰敗甚至死亡。此種菊科植物每年十月左右開花結果，大量帶有冠毛的種子隨風飄散更是它快速佔領荒山野地的主要原因。目前唯一有效的移除方式就是在開花前以人工割掉藤蔓並且連根拔除，尤其小花蔓澤蘭也和落葵薯一樣，割除後必須徹底銷毀所有殘株，否則每一小段莖節落在地面都能無性繁殖發育成新的植株。

小花蔓澤蘭進入臺灣的原因未有定論，有人認為是進口貨物意外夾帶，有人說是為了培育草藥而引進，也有一種說法是因為其快速生長的覆蓋能力而被刻意撒在崩塌裸露地做為固土植被。從一九九〇年左右在屏東、高雄採集到標本後，短短二十多年間小花蔓澤蘭已經由南向北、自西而東「佔領」了全臺灣海拔一千公尺以下的山林野地，即使林務局每年編列龐大收購經費獎勵移除，各地方政府和環保團體也常帶領義工進行清除活動，依舊只能控制減少其族群擴散而難以消滅，畢竟有些荒山險壁人們根本難以到達。幾年前我在香港最重要的米埔濕地，也見到小花蔓澤蘭（當地叫薇甘菊）已經開始蔓延覆蓋了外圍的紅樹林，如果不即時處理，恐怕也將嚴重影響了米埔濕地的生物多樣性。

一個地區生物的種類和數量，都是經過彼此間競爭、合作、調整加上大自然嚴苛篩選，經過長期演化適應而達到穩定複雜的平衡，被人類搬移到原生地以外的植物、動物就像科幻電影裡憑空出世的傢伙，它也許會是拯救人類的英雄，但也可能是毀滅世界的惡魔。

	2
	3
1	

1. 這片被小花蔓澤蘭和槭葉牽牛攀爬覆蓋的樹木已經完全無法光合作用，很快就會衰亡。

2. 小花蔓澤蘭花序及果序，多毛的瘦果可以隨風飄散四處繁衍，農委會每年需編列數千萬至上億元預算鼓勵移除，以每公斤五元價格收購。

3. 適應力極強的薇甘菊（小花蔓澤蘭）已開始蔓延覆蓋香港米埔濕地外圍的紅樹林，圖中紅樹為蠟燭果（桐花木），對岸高樓是相連的深圳灣福田濕地。

從美麗的觀賞生物變成環境殺手

十七世紀以前被引入臺灣的植物，大多是以農業和生活實用為主；荷治時期除了農業經濟作物也陸續引進了一些觀賞植物如馬纓丹、長穗木，做為燃料及牲畜飼料的銀合歡也是在此一時期引進；荷蘭人離開後兩百多年間，大量渡海移民和船運貿易所攜帶的仍是以經濟作物為主；直到日治時期雖然只有短短五十年，卻是臺灣歷史上開始大量引進外來物種的年代，包括各種造林樹種、經濟植物、行道樹、園藝觀賞植物以及改變今日臺灣海岸景觀的木麻黃防風林和佔領了各處水域的布袋蓮等，此一時期也曾經把一些適合高冷環境的植物如法國菊、紫花毛地黃移種到太平山、八仙山、阿里山的林業工作站附近，如今同樣已馴化野生在臺灣中高海拔山區。

原產南美亞馬遜流域的布袋蓮，葉柄基部有囊狀氣室使植株能浮在水面，紫藍色總狀花序加上每朵花最上方一枚帶有深紫和黃色眼斑狀的紋路非常美麗，因而也有「水風信子」或「鳳眼蓮」的別名，被世界上許多地方引進做為水生觀賞植物，臺灣在一八九八年日治時期引進了布袋蓮，主要做為觀賞，有很長一段時間人們甚至也把它列為能淨化污水環境的「有益」植物。

然而世界上多數引入地的自然條件和亞馬遜並不同，在原生地有許多動物如水豚會取食布袋蓮，也有一些昆蟲天敵，而乾季和雨季分明的亞馬遜河也會在雨季時將大量生長的布袋蓮沖入海中，使數量和生態維持一定的平衡；在缺少天敵也沒有雨季洪水的引入地，布袋蓮往往迅速繁殖佔滿整個水域，不但排擠了水面上的植物，也使得許多沈水和浮水植物曬不到太陽無法光合作用，從而降低了水中溶氧量導致魚類等難以生存，而布袋蓮容易聚積污泥變成死水的特性除了影響許多水生動植物棲息，也往往成為蚊子繁殖的溫床。

不過人們真正意識到布袋蓮帶來嚴重問題，並非水系生態的衰退，而是洪災。數十年來地小人稠的臺灣不斷「向天借地」，許多城鎮高度聚居之後開始築起堤防限縮河道，在原本的洪水淹沒區蓋起了房子，遇到豪大雨時就藉助抽水站排洪，總認為在科技的協助下可以「人定勝天」高枕無憂。終於在發生多起布袋蓮堵塞河道甚至堵住抽水機導致洪水氾濫後，大家才驚覺這些漂亮植物已然在臺灣形成了嚴重的生態與生活災難。於是各地方政府開始編列大量經費，在每年洪汛期之前未雨綢繆僱請怪手挖除塞滿河道、溝渠和滯洪池的布袋蓮，然而這些從美麗水仙變成「水妖」的植物根本無法除盡，很快又能生長成片，政府也只能不斷編列預算，年復一年永無止盡的挖除。

布袋蓮被世界上大多數地區列入嚴重危害外來植物，正是因為它強韌的環境適應能力、快速生長的本領和多元的繁殖策略，除了靠水下走莖不斷蔓延出芽，每個浮水植株也會側生小芽分離成為新的植株，此外布袋蓮更厲害的是細小而且數量極多的種子，當水面植株繁盛時種子會長期沈在泥底休眠，一旦水面和水中的布袋蓮被剷除殆盡，接收到足夠陽光的種子便會在適當時機萌芽生長，重新快速佔領一片水域，也就是只要被這種強勢植物佔領的地方根本就難以完全清除。

相同情況的還有大薸（大萍）和粉綠狐尾藻，這些植物最初都是為了觀賞目的引進臺灣，它們共同的特點就是可以用多種方式繁殖，強勢佔領原生物種棲地，也幾乎無法根除。如今在臺灣野外看見這幾種綿密覆蓋河道、池塘的外來植物，不禁讓人感嘆，曾經犯下的錯誤不但使我們付出了慘重的代價，也難以回復許多早已失去的自然，但面對僅存的美麗臺灣景緻，人們真能記取教訓嗎？還是在一陣陣流行風潮裡，你也是為了滿足個人快樂或向同儕炫耀，忍不住跟著養外來種昆蟲、鳥類，種奇花異草，為了拍照打卡上傳朋友圈，跑去粉紅愛情草（粉黛亂子草）花海拍照的其中一份子？

至於寵物引進後逸出野外泛濫成災，最著名的例子應該就是巴西龜。很多人可能還不知道「巴西龜」其實並不產於巴西，早期臺灣的水族寵物業者曾經引進原產巴西、烏拉圭、阿根廷等地的「南美彩龜」在市場上以巴西龜的名字販售，由於幼龜腹甲的紋路非常美麗而受到歡迎，但巴西龜運輸成本較高加上飼養和人工繁殖都不容易，於是有人找到頭部和腹甲紋路非常相似、原產北美密西西比河流域的紅耳龜，仍以「巴西龜」的名字販售。紅耳龜對環境的適應能力極強，也比較容易繁殖，所以價格便宜，不但受到家庭寵物市場喜愛，也成為宗教「放生」新寵而快速進入了全臺灣的水域。

臺灣原生有五種龜：斑龜、柴棺龜（黃喉擬水龜）、金龜（烏龜）、食蛇龜（黃緣閉殼龜）和中華鱉。紅耳龜的棲地和斑龜較為相近，不但嚴重擠壓了後者的生存繁殖空間，也對小型水中生物和兩棲類有很大的威脅，如今在臺灣各地溪流、沼澤、池塘、水庫、公園水池裡，見到的幾乎都是紅耳龜。金龜在臺灣本島早年就非常罕見，野外種群狀況不明，目前只在金門有較穩定族群，但近年的研究證實野外已出現金龜和人為引入的斑龜雜交個體，長此以往金門的原生種金龜恐怕也將逐漸遭到稀釋甚至消失。中華鱉常遭到人類捕食也愈來愈少見，至今在臺灣仍未列入保育類；食蛇龜和柴棺龜最慘，雖然在臺灣沒有人食用，但常遭盜捕再用漁船走私到對岸進了餐廳，每隻從走私價一、兩千臺幣立刻翻漲成同金額人民幣，有時一艘查獲漁船裡就裝運了上千隻，而背後恐怕有十倍數量已經上了餐桌，在嚴重盜獵壓力下這兩種龜已在二〇一九年從「珍貴稀有」二級保育類提升為「瀕臨絕種」一級保育類。

在此順帶提到，真正的巴西龜（南美彩龜）雖然在《國際自然保護聯盟瀕危物種紅色名錄》上是「無危」物種，不過在原生地巴西仍屬於管制寵物，飼養者必須有合法購買的發票、產地證明書、買賣文件並註明數量，而且嚴格禁止在大自然中任意釋放，否則將受到處罰；如果擁有者無法繼續飼養，原銷售店家有義務回收，並送往巴西政府唯一核可的彩龜繁育場。巴西政府連本土原生種都禁止任意釋放到野外，相較之下，臺灣到處有人「放生」外來種紅耳龜的行為真是讓人汗顏啊！

1	1	2
3		4
5	6	7

1. 直到布袋蓮堵塞抽水站引發洪災，人們才驚覺事態嚴重。
2. 粉綠狐尾藻是水族業者引進的觀賞植物，常在野外覆蓋成片，使水域原有的生物多樣性嚴重衰退。
3. 原產南美的大薸，已佔領世界各地水域，造成水系生態嚴重衰退。
4. 紫花毛地黃是日治時期引進臺灣試種的藥用經濟植物，如今已馴化野生中高海拔山區。
5. 新店溪中求偶的紅耳龜，雄性常常像這樣長時間緊迫盯「龜」死纏爛打，直到雌性同意。
6. 臺灣的食蛇龜常遭盜獵走私到對岸，有時一艘查獲漁船裡就裝運了上千隻，而背後恐怕有十倍數量已經上了餐桌。
7. 廣州傳統市場裡，專賣兩棲、爬行類的攤位。

沒有泥鰍的童年

我在臺灣農村度過了快樂的童年，記得小時候每到下午三、四點，大人常會叫我們這些小孩用家裡自製的網篩去水田裡撈一些田螺，或是在灌溉溝渠裡撈河蜆，運氣好的時候還能在田裡抓到黃鱔，在溝裡撈到淡水蚌。而我最喜歡的是徒手翻泥鰍，沒錯，的確是用「翻」的，站在田溝裡用雙手撈起一捧底泥放在岸邊，撥開泥漿翻找總能抓到一些活蹦亂跳的泥鰍，就這樣邊玩水邊抓泥鰍，不多久就能翻到滿滿一小桶；這些田螺、河蜆、蚌、泥鰍配上自家菜園裡種的薑和九層塔，就成了晚餐桌上新鮮美味的佳餚。

只不過短短數十年的時間，這一代農村小孩已經無法體會「稻田就是冰箱，水溝就像超市」的自然生活。現在的稻田已經沒有田螺、沒有蛙鳴聲，水泥化的灌溉渠就算沒有污染也早已失去了泥鰍的蹤影，取而代之的是伸長觸角在水中緩慢爬行的福壽螺和貼滿溝壁的粉紅色卵塊。

臺灣在一九七九年引進原產於南美亞馬遜流域的福壽螺，最初是看上其驚人的繁殖速度、容易飼養的廣泛食性和超強的適應環境能力，準備大量養殖做為食用螺類，剛開始用的名字是「金寶螺」，每對種螺要價臺幣上千元，但上市後因為肉質軟爛不受歡迎而滯銷，養殖戶紛紛棄置傾倒，從此成了臺灣野外水域和稻田中除之不去的夢魘。日本則是在一九八一年從臺灣引進養殖，到了八三年迅速擴

	1	2
	3	4
	5	6

1. 福壽螺粉紅色的卵塊必須離水才能發育。
2. 花浪蛇曾經是農田常見的蛇類，俗名「土地公蛇」。
3. 原產亞馬遜流域的福壽螺。水稻插秧後第一個撒在田裡的農藥就是殺螺劑。
4. 化學殺螺劑或苦茶粕不但殺死福壽螺，也殺死了泥鰍、田螺、澤蛙和虎皮蛙。
5. 非洲大蝸牛在一九三三年引進臺灣，如今已遍布全島各處。
6. 臺灣原生蝸牛中體型最大的斯文豪氏大蝸牛，成體殼寬約五公分。

展為五百處養殖場，但同樣因為滯銷而棄養。

大約在相同時間也同樣出於食用和經濟因素，福壽螺被引進亞洲許多地方，包括韓國、中國大陸、泰國、柬埔寨、菲律賓、印尼、馬來西亞……也很快擴散至水稻田啃食秧苗，造成了農業經濟上鉅大的損失；有些地方如美國則是引進做為水族觀賞寵物；二〇二〇年非洲肯亞也有了福壽螺散布野外的監測報告。而無論引入福壽螺的原因為何，短短四十年的時間裡這種生物已造成農業和水域生態巨大的損害，列名在國際自然保護聯盟「世界百大最嚴重外來入侵物種」當中，而這一切災難的源頭只是人們為了滿足口腹新鮮感、為了想賺更多錢的慾望。

由於福壽螺食性廣泛，從藻類到各種沉水、浮水甚至挺水植物的嫩莖葉都吃，除了農損之外也造成了濕地自然生態的失衡。以臺灣為例，福壽螺的壽命約四年，成長大約數個月至一年開始有繁殖能力，一隻成熟的雌螺每次產卵兩、三百或高達一千顆，在環境條件適宜的地方一年可產三萬顆卵，而一隻田螺每年產卵大約只有兩百顆，臺灣原生的幾種田螺根本就不是福壽螺的對手。雖然也有農民嚐試以生態防治法在田裡養烏鰡或養鴨吃福壽螺，但實際上效果非常有限，為了減少福壽螺啃食作物的損失，許多農民迫不得已只好使用化學殺螺劑或苦茶粕，雖然有效控制了福壽螺，卻也殺死了原本就受到競爭擠壓而屈於劣勢的田螺和其它水中生物，反而讓生存能力強大的福壽螺成為更優勢物種。

在日本，有些農民認為既然無法改變福壽螺問題不如嚐試調整耕作方法，比如採用該國知名農耕機具公司發明的「成苗插秧機」種植十五公分以上每株生長到四、五葉的秧苗，這項技術原本是為了提高較寒冷地區的稻苗成活率，後來發現福壽螺無法啃食已經長大到這個階段的秧苗而被部份有機農場採用，但此法育苗和種植成本較傳統農法高，比起直接撒農藥殺螺的慣行農法更高。也有些日本農民雖然還是種植傳統二、三葉的秧苗，但採用了精密水位管理，在插秧後立刻把水位降到零使福壽螺休眠，之後每天要非常緩慢的提高一公釐水位供應秧苗所需，大約經過十天秧苗長大後再一次提高水位至五公分，此時才恢復活動的福壽螺已無法啃食稻苗，轉而吃剛冒出的雜草苗，用這個方法種植的日本農民把福壽螺稱為「稻守貝」，讓敵人變成了幫忙除草的朋友；臺灣也有農民嚐試此法，不過稻田整平水位的成本和人工管理技術要求都非常高，多數人還是直接撒殺螺劑。

另外，如果家裡或學校的生態池發現福壽螺卵，該怎麼辦呢？從事水生魚蝦、植物研究，著有《臺灣水生與濕地植物生態大圖鑑》的好友林春吉告訴我，其實可以不用農藥或苦茶粕，這樣會殺死很多水中生物反而讓生態失衡，福壽螺的卵必須離水才能孵化，因此雌螺會在挺水植物的莖上或水域邊坡產卵，他的生態池如果發現有粉紅色卵塊入侵，只要折斷被附著的植物丟入水中或是提高水位淹沒，卵塊就難以孵化。

還有一種螺類也是經由人為引進之後快速繁殖遍佈臺灣各地，那就是非洲大蝸牛。小時候我們會撿非洲大蝸牛把殼敲碎了餵鴨子，看牠們搶食這種高蛋白補品，後來才知道非洲大蝸牛最初引進臺灣不是為了給鴨子當食物而是準備給人吃的，雖然今天市場上已經有各種肉類食品，不少人還是把牠當成珍饈，我在阿美族部落常和朋友們一起吃三杯蝸牛，用麻油、酒、醬油和九層塔爆炒，西拉雅族則是煮酸筍蝸牛湯；不過這些蝸牛料理要說是「傳統」食物，其實也只是近代的事情。非洲大蝸牛在一九三三年才由臺北帝國大學教授下條久馬一成功引進臺灣，二戰期間日人也把非洲大蝸牛引入大陸和東南亞佔領區野放，準備做為戰時的肉類蛋白質來源。臺灣夜市裡賣的「炒螺肉」其實就是非洲大蝸牛，在此種蝸牛引入之前並未有記載或曾聽聞有人吃原生種蝸牛，臺灣原生最大的是斯文豪氏大蝸牛，體型比非洲大蝸牛小了很多。據說另一種原住民常吃的菊科野菜昭和草（野茼蒿）也是當年日人為了準備長期戰爭而派飛機四處撒種的植物。

並非所有的外來物種都需要或都能夠移除

臺北植物園是個熱鬧的外來物種避難所，當然植物園在一九二一年成立之初本來就是以收集、研究與展示熱帶植物為目標的人工園區，不過因為植被茂密且環境多樣，百年來已有許多本土動物在此棲息繁衍，也常會有遷徙候鳥和過境鳥來到這片城市森林暫歇，這裡說的「外來物種」是指各種人為引入的非本土動物，除了常常有寵物鳥從附近和平西路鳥店街或住家逸出後在此落腳，還常常有迷信者偷偷「放生」以及寵物棄養，園區幾處水池裡滿滿都是垃圾魚、吳郭魚和紅耳龜。

有一天我在荷花大池觀察紅冠水雞育雛，遠遠看到對岸竟然有一個人拿著長長的竿子在釣魚，心想不可能這麼明目張膽吧！走近才知道是工作人員正在釣牛蛙，據稱這些牛蛙是幾天前有宗教執迷者偷偷「放生」在池裡的，到了半夜發出的求偶哞叫聲驚動了植物園四鄰住家和工作人員。我看了一下袋子，一個上午已經釣起了三、四十隻，我問是否會讓牠們回到「原本該去的地方」，工作人員笑而不答。

牛蛙原產北美洲，被引進臺灣主要是做為肉用，但隨著養殖逸出、寵物棄養和無知迷信者買牛蛙「放生」，已逐漸擴散至臺灣各處的人工和自然水域；早期還有教材出版商供應牛蛙蝌蚪做為小學生自然課飼養觀察對象，有些學生或老師、家長養大成蛙後不知如何處理更不知道問題嚴重性，只好四處野放，反而成為非常糟糕的負面教材，後來在輿論壓力下教材商才改成本土蛙類蝌蚪；其實嚴格說來即使釋放同種本土蛙類也仍然有不同區域基因混雜污染，可能影響遺傳多樣性的問題。二〇一一年甚至還曾發生苗栗縣政府在銅鑼鄉客家大院生態池流放七百斤青蛙以「增加生態豐富性」，結果被發現是外來種牛蛙的事件。由於體型碩大，只要能張口吞下的魚、蝦、青蛙、蝌蚪、昆蟲、小型哺乳類……等幾乎無所不吃，這些巨蛙對原生物種已經形成了極大威脅。

有一次帶野外親子活動時，我提到植物園移除被「放生」牛蛙的事情，有位家長提出了她的想法和疑問：「外來物種為什麼要移除？它們在自然條件下也不可能無限制發展，理論上應該會和其它生物在一個環境裡達到自然平衡吧，為什麼人類要介入干預呢？而且他們也沒有移除水池裡的垃圾魚和紅耳龜。」的確不是每個外來物種都需要或都有辦法移除，每一件個案也應該有不同的評估和討論；對於這位媽媽的問題我沒法給出正面直接的答案，只說：「如果今天有迷信團體在妳的孩子學校附近『放生』泰國眼鏡蛇，應該設法移除，還是讓它自然平衡呢？」當一件事情與自己有了切身利害關係時，也許又會有更多不同的思考。

這位媽媽的想法和疑問，也讓我想起有一次在宜蘭福山植物園遇到的另一個課題。並非只有人類會把物種引入另外一個地方，在自然條件下動物就經常擔任植物種子、寄生蟲或其它微生物的傳播者；許多生物也有自己獨門的旅行祕技，如蛇類、蜥蜴或小動物跟

臺北植物園移除迷信者「放生」的牛蛙。

著漂流木遠渡重洋；海底火山爆發後新生的島嶼，蜘蛛往往是最早到達的生物之一，沒有翅膀的蜘蛛又是怎麼跨海移民的呢？幼蛛孵化後尋找新家的方法就是在適當條件下爬到高處拉出一條細絲，利用風力和自然電場升空做長距離飄移並隨機落在某處。有一年福山植物園的大池忽然整個變成紅色，工作人員正忙著打撈那些讓遊客非常「驚艷」的漂亮紅色植物，我聽見解說員對參觀的遊客說：「這些是外來的入侵植物日本滿江紅，它們長得太快已經影響了萍蓬草和馬口魚的棲地。」我趁著她講解的空檔詢問這些日本滿江紅怎麼會出現在池子裡，得到的答覆是研究老師認為可能是雁鴨帶來的。

雁鴨夾帶而來那不就是「自然擴散」，怎麼算是入侵物種呢？這也正是在候鳥遷徙路線上很少會有特有種水生植物的原因，而這類自然擴散到達新世界的生物當然還是要經過長時間演化和天擇，最終可能失敗也可能成為當地生態的一部分。不過在福山植物園，這些長途飛行而來的日本滿江紅還來不及天擇就被「人擇」了，為了保護池中原生的萍蓬草和臺灣馬口魚，人類就應該名正言順介入干預某種生物的自然擴散嗎？我同樣無法給出正面直接的答案，只想到一九七二年在鴛鴦湖發現的東亞黑三稜被列為珍貴稀有「新記錄種」，同樣跟著候鳥入境卻是命運大不同啊！

回說人為擴散的外來物種，的確也有不少在歸化後與當地原有物種產生了新的生態關係，比如馬纓丹、長穗木、大花咸豐草……已成為臺灣許多昆蟲重要的蜜源。在郊山田野甚至許多城市角落都能見到大花咸豐草，自然觀察時如果守在一片盛開的大花咸豐草旁，

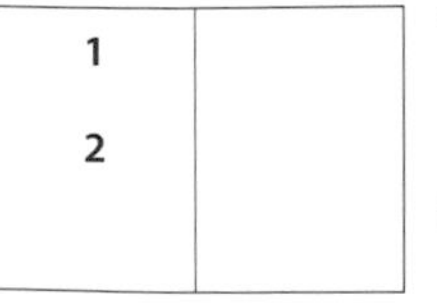

1. 冬末春初，緋寒櫻（山櫻花）開了，吸引許多昆蟲前來吃花蜜大餐，臺灣特有種白耳畫眉也來到樹上吃昆蟲大餐。全民瘋賞櫻，卻很少有人會知道有些本土原生種櫻花已經開始受到了基因污染。

2. 鴛鴦雄鳥非繁殖羽。福山植物園的日本滿江紅極有可能是花嘴鴨等候鳥攜帶自然擴散，卻遭到「人擇」移除，和同樣跟著候鳥入境的東亞黑三稜命運完全不同。

總能見到各種蝴蝶和小昆蟲前來訪花採蜜，市場上販售的「雜花蜂蜜」主要就是來自大花咸豐草，青草店裡賣的「涼茶」也是以它做為主原料之一，以致不少人都誤以為大花咸豐草是臺灣原生植物；實際上它是在一九七六年才由李姓蜂農引進臺灣，經過一九八一年養蜂會議推廣撒種而快速散播至臺灣各地，雖然大花咸豐草全年開花的特性讓許多本土昆蟲受惠，但這種植物快速佔領荒地的本事卻也強烈排擠了許多臺灣原生的植物，當然也連帶影響了某些對原生植物依存度較高的動物。許多像大花咸豐草這樣強勢的外來物種，已然悄悄改變了臺灣田野的自然風貌。

在臺灣郊山野外四處可見的野薑花（穗花山奈），也常被誤認為是原生植物，八〇年代校園民歌還描寫它有如三月微風裡雪白純潔的戀情，實際上原產印度次大陸的薑花是在一九〇〇年才被引進臺灣做為園藝植物，隨著觀賞種植和經濟栽培而逐漸歸化在全島各地的溪流、池塘、淺水域等濕地。它在某些地方如一八八八年引進的夏威夷被歸入「具有威脅性會嚴重影響濕地生態」的外來物種，而在南非更禁止栽培或繁殖。不過野薑花在臺灣「攻城掠地」的本領顯然沒有像布袋蓮或小花蔓澤蘭這麼強，還不至於到「危害」的程度，當然也從未聽過政府單位、植物學家或環保團體主張要移除野薑花，還有許多地方已經開始利用這種植物創造出了新的生活文化，如野薑花粽。

今天我們看待一個物種究竟是「有益外來生物」或「有害外來生物」大多仍是從人類的私利角度出發，實際上，人類為了自己私利從食用、觀賞、經濟生產到綠化城市所引進的外來動植物也早已圍繞你我每天的生活。近年在幾處知名景點帶頭宣傳、網路打卡發文、朋友圈炫耀比較的推波助瀾下，每年春天整個臺灣都會陷入瘋狂的賞櫻熱潮，從平地公園、山區休閒農場、宗教信仰中心到風景遊樂區都在搶種櫻花，深怕失去了人潮與商機。各種花型、花色漂亮的培育種櫻花被引進臺灣，表面上看來這些既漂亮又能賺錢的植物應該沒有什麼擴散問題，都在「可控制」範圍，不會有人把它們列入具有威脅性的外來物種吧？實際上由於近緣種的櫻花很容易自然雜交，長年研究臺灣原生櫻花的宜蘭大學林世宗老師發現某些臺灣櫻花已經和外來種出現雜交現象，非常擔心基因污染問題使本土櫻花的生存受到威脅。然而提到外來種「雜交」，很多人大概只關心外來動物，卻很少注意植物也有相同問題，在毫無管制的種植，在大家搶著拍櫻花美照貼上網的熱潮下，有多少人會在乎本土原生櫻花的基因污染呢。

人類夜航的明燈，鳥類夜航的殺手

臺灣位於東亞候鳥南北遷徙的陸地「跳板」中央，每年三、四月是許多冬候鳥、過境鳥密集北返，或夏候鳥陸續從南方飛抵臺灣的季節；九、十月則是冬候鳥、過境鳥南遷，或夏候鳥返回南方度冬地的時刻；有些候鳥在日間遷徙，有些則是在夜間飛行。

撰寫臺灣第一本賞鳥地圖的好友吳尊賢告訴我，他曾經參與過一項「遷徙候鳥撞擊臺灣北部海岸燈塔」的調查，很難想像原本是為了指引人類船隻海上航行的燈塔，竟然成為鳥類夜航的殺手，這些燈塔發出的強光常常迷惑了夜間遷徙的鳥類，導致高速撞擊而傷亡。他說：「有些非常珍貴稀有的鳥種，我第一次『撿』到的記錄竟然是白天時在燈塔頂的工作平臺上，不是拿望遠鏡撿，真的是用手撿起來的。」

一八八〇年美國就開始有燈塔管理員主動記錄撞擊燈塔傷亡的鳥種和數量，但直到今日人類依然無法解決此一問題；雖然現在近岸航行早已由衛星導航取代傳統的海圖座標定位，但許多燈塔仍有防患未然的功能或警告作用而繼續亮燈，飛「鳥」撲火的狀況也依舊持續發生。另一個在候鳥季常引發撞擊的干擾物是城市燈光，二〇一七年五月四日清晨，在風暴干擾下大量候鳥撞上美國德州加維斯頓市一棟保險公司總部大樓，造成紋胸林鶯等二十五種共三百九十二隻小型鳥類死亡，只有三隻受傷獲救，這棟大樓是該處唯一高聳獨立的建築，專家推測白色外牆和夜間全亮的投射照明燈使鳥類誤認為是風暴中的安全出口而高速撞上，事件發生後保險公司立刻在候鳥季關閉了警示飛航安全以外的夜間照明燈光。

相較於鳥類撞擊玻璃窗問題，臺灣的燈塔數量不算多，加上早期大部分燈塔都在一般人無法接近的管制區內，即使近年具有觀光功能的燈塔也不在夜間開放，因此燈塔對遷徙鳥類造成的傷害並沒有受到太多關注，不過這幾年臺灣西部海岸陸續出現了更多對鳥類容易造成傷害的大型人造建築，那就是風力發電機。隨著全球暖化問題愈來愈嚴重，提高綠色能源比例已成為重要的發展趨勢，而風機正是綠能代表之一。

風機高大的柱體和風扇葉片常常造成鳥類撞擊，尤其位於食物金字塔上層的猛禽更是首當其衝。也許有人會認為猛禽在空中高速飛行都能看清地面的獵物，怎麼可能撞到那麼巨大而且看起來轉速很慢的風機呢？事實告訴我們，猛禽不但會遭到風機撞擊而且是全世界都存在也努力希望改善的問題，並非臺灣獨有；有些幸運的傷鳥被送到野生動物急救中心，不幸的當場慘死，最不幸的是痛苦喘著一口氣卻已經肢體折損殘缺或臟器破裂無法救治，獸醫師也只能給予安樂死。二〇二〇年十二月，一隻蛇鵰就在雲林麥寮撞擊風力發電機，雖然被送到特有生物中心野生動物急救站醫治，仍在兩個星期後死亡。

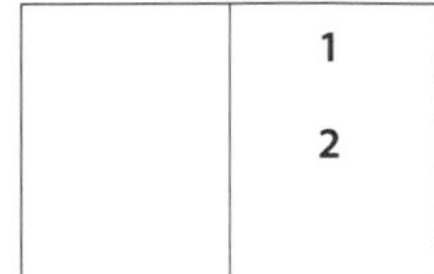

1. 馬祖東莒燈塔。遷徙候鳥撞擊燈塔和風力發電機的問題在臺灣較少受到關注。

2. 臺灣的城市夜景。一百多年來，夜晚的地球出現了無數非自然光源，也迷惑了昆蟲、候鳥等許多動物。康乃爾大學鳥類實驗室二〇一九年四月發表的研究報告指出，美國一年有六億隻候鳥因為城市燈光或摩天大樓影響而死亡。

如何避免綠色能源變成血色能源

風力發電機三個細長的旋轉葉片往往會在鳥類眼中產生「隱形」錯覺而誤認為是沒有阻礙的空間，所帶起的渦流也可能對滯空盤旋猛禽造成干擾，而看似緩慢旋轉的扇葉其實並不慢，如果以葉片長度二十公尺的風機每分鐘轉動十六圈計算，葉片尖端移動就高達時速一百二十公里，另外風扇和發電機組運轉的噪音也會對附近棲息、繁殖鳥類造成一定程度的干擾。美國舊金山的阿塔蒙隘口是著名的風場，設置了大量的風力發電機，以奧杜邦學會為主的環保組織針對美洲隼、穴鴞、金鵰、紅尾鵟四種猛禽調查發現平均每年有一千兩百四十五隻撞擊風機死亡，因而對電力公司提起訴訟，迫使電力公司陸續拆除了八百座舊式風機，以三十四組發電總效能相當的新式設備取代，並在每年冬天候鳥季暫時關閉部份機組，使年度猛禽撞擊事件減少了百分之五十，奧杜邦對此仍持續監督中。高階掠食者減少，將使區域物種平衡出現未可知的改變，二〇一八年十一月發表在《自然生態與進化》期刊針對印度西高止山風電場的研究發現，有風機樣區的猛禽數量只有無風機樣區的四分之一，而華麗扇喉蜥的數量則是三倍。

德國是風力發電比例非常高的國家，約有三萬座風力發電機，二〇一九年的調查估計大概有二十五萬隻蝙蝠和數千隻猛禽撞擊風機葉片死亡。蝙蝠數量減少，代表了昆蟲將可能因為少了天敵而數量增加，其中也必然包括某些危害作物或傳播疾病的蚊蟲，最終影響的不只是自然生態也將包括人類。目前國際間有些電廠是在飛行動物如蝙蝠或雨燕每日活動高峰時刻停止風扇運轉，或是在候鳥遷徙期間選擇性關閉部份風機，雖然這些妥協方案直接而有效降低了飛行動物的撞擊死亡率（仍無法避免某些鳥直接碰撞塔柱），但也使得局部區域發電量因此減少，所以有許多國家開始研究能否讓風機在發電運轉的同時降低對生態環境的衝擊。

有些地方嚐試的做法是在風機上設置揚聲器，播放蝙蝠的超音波頻率使牠們出於本能反應避碰，不過揚聲器只能安裝在柱體難以設置在扇葉上，效果依然有限。美國德克薩斯農工大學的研究人員正在進行一項實驗，使用立體打印技術模擬蝙蝠的發聲器安裝在風力發電機葉片上，希望扇葉旋轉時能發出相近的超音波讓蝙蝠自動避開，目前已錄下實驗室裝置所發出的超音波在蝙蝠活動區域的風機播放，仍待進一步檢視其效果。

挪威研究人員在國際鳥盟指定的重要鳥類棲地斯莫拉島上所做的實驗，則是將風機三個葉片當中的一個塗成黑色，此法明顯提高了扇葉旋轉時的可見度，經過十年的統計分析四座塗黑組與四座對照組風機，平均撞擊死亡率有效降低了百分之七十一點九，其中指標鳥種白尾海鵰未再出現死亡個案，然而某些鳥種如柳雷鳥還是常常在高速飛行時撞擊塔柱而沒有明顯的死亡率差異，這也顯示有許多鳥類撞擊風機的問題仍待進一步研究解決。

在減碳的能源政策下，可以預見臺灣在短時間裡將會設置愈來愈多的風力發電機，但似乎未見如前述德國、美國、挪威等國家的

乘著熱氣流盤旋的蛇鵰（大冠鷲）。風力發電機對鳥類尤其是猛禽生態的影響，在世界各國都受到關注。

研究人員以六年、十年或更長時間分析這些機組對本地生態環境可能產生的衝擊，尋找因地制宜的友善對策。臺灣媒體對風機問題的報導，多數仍是居民抗議環境噪音、擔憂水產養殖或近海漁業受到影響等，雖然有環境保護團體呼籲應該關注鳥類撞擊或離岸風電對海洋生物如白海豚棲地干擾問題，卻很少得到應有的重視及回應，臺灣的公民環境意識和生態教育顯然仍有長遠的路要走。

總是忘了計算生態成本

另一個常被開發為綠電的就是太陽能，相較於風力發電機，太陽光電設施或許還不至於對鳥類或其它生物造成直接的傷害，但也並非完全不影響自然。這些設施需要非常大面積的土地成本，在幅員廣闊、日照充足的地區太陽能的確是合宜選項之一，但在土地資源有限的臺灣太陽光電卻佔所有再生能源比例超過六成而且還會逐年提高，推動太陽能發電的問題正開始慢慢浮現。許多中大型太陽能發電設施預定架設的地點是在閒置鹽田、停用農地或魚塭、無法開墾利用的山坡地和海岸潮間帶等，長久以來人類早已把地球視為自己的私有財產，總是想著如何藉由科技讓這些難以生產的地方充分利用，在沒有生態觀念的時代這叫做「人定勝天」，然而今天的生態知識和過去的慘痛經驗已經告訴我們，如果為了提高綠色能源比例而對自然生態造成嚴重傷害，反而捨本逐末甚至可能鑄下難以挽回的錯誤，當人類毫無節制的改變自然，超過環境平衡的臨界點時，最嚴重的後果將可能像疊疊樂抽木條一樣整個崩解，包括人類在內都難以倖免。

在桃園臺地上把埤塘抽乾施做太陽能光電板，完成後再重新蓄水，失去的生態還回得來嗎？依據《環境影響評估法》：能源之開發興建，對環境有不良影響之虞者，應實施環評。不過目前臺灣的濕地開發只有牽涉到「公告重要濕地」才需要做環境影響評估，而埤塘是一般人工濕地並不需要做環評，但實際上許多先民修築的埤塘經過兩、三百年後早就與環境融合成為生態的一部分，尤其納入開發的大型埤塘幾乎都是雁鴨科冬候鳥重要棲息地；桃園市野鳥學會監測第一階段完成的八處埤塘光電場發現，其中四個已完全不再有雁鴨棲息，承租埤塘的養殖戶也發現水質循環受到影響使漁獲減少，桃園市政府因此暫停了後續的計畫。是否人工開鑿不應成為評斷濕地價值主要的標準，斯里蘭卡絕大多數內陸濕地都是兩千多年來修建的農業灌溉湖，如今有許多已成為重要自然保護區和世界知名的生態旅遊景點。

臺灣西部海岸許多潮間帶也納入了光電廠選址預定地，有些已經開始施做如彰濱崙尾東一百七十公頃「浮筒型」光電板架設完成了大半，這些浮筒漲潮時浮在海面，退潮後就覆蓋在沙灘上，直接影響了藻類生長，也阻礙了許多生物如蟹類對潮間帶有機質的利用和循環，鳥類也無法在退潮後捕食蟹類，長此以往甚至將可能影響近岸生態系，根據研究調查崙尾東是中華白海豚瀕危臺灣種群非常穩定活動的重要棲息地，甚至可能是集中養育幼豚處。雖然二〇一五年通過的《海岸管理法》已經嚴格禁止各項潮間帶開發行為，但經濟部認定崙尾東潮間帶在土地區分上只是「未完成填埋」的工業區浮覆地，同樣不需要環評；如果法令可以為了需要而有各種例外，受傷最大的將不會只有生態，恐怕還有當政者的公信力。

其餘受「綠能」影響的還包括苗栗淺山丘陵地區，如何避免經濟開發造成保育類石虎的棲地碎塊化，或是降低了生物多樣性使石虎因為覓食不易而更接近人類生活範圍，也是刻不容緩的議題。臺南將軍區、七股區兩百多公頃鹽田，隨著國際貿易自由化改採進口食鹽而廢棄多年，也被納入了光電選址預定地，這些鹽灘地對人類而言已經不再具有生產力，卻是許多水鳥在臺灣度冬的重要棲地，包括已在全世界瀕危的諾氏鷸和琵嘴鷸等，幸而在環團、居民和國際愛鳥人士的奔走請願下，這項光電開發案已停止。另外，臺糖也有許多閒置土地預定砍掉造林改「種」光電板，不但違背政府宣示的「國土綠網」精神，也讓學者和居民質疑：砍掉能夠吸碳、降溫、保水的樹林改成發電廠值得嗎，臺灣非要像這樣在「綠能」和「綠地」之間做出選擇嗎？還有許多鼓勵「農電共生」的農地案場，屋頂光電板架設完成後就荒棄了下方的菇寮，不知種香菇是純粹「巧合」還是有高人指點鑽巧門。

而我不禁也會想，除了學者、環團和當地居民，其他人對某些存在爭議的「綠能」開發案究竟會有多少同感呢，火力發電的空氣污染影響健康，核能發電的廢料儲存難以處理，這些都很容易讓人感受到與自己切身相關，然而今天為了經濟成長和更舒適生活，在「友善環境」口號下尋找替代能源的同時，有多少人會在乎建置風力和光能發電所影響的「自然生態」和「農漁業生態」也是成本呢？人們最關心的恐怕只是有沒有便宜的電可以用，會不會影響我的健康，而不是電從哪裡來。

在新聞學裡關於評估「新聞價值」有五要素：新鮮、重要、接近、顯著、趣味。這些標準同樣適用於環境議題，想要讓某個議題深入人心，其中的「重要性」和「接近性」尤其不可忽視，人們總是更關心和自己有關或是身邊所發生的事情，這也就是為什麼西方某國領袖發表了關於氣候變遷的重要談話可能還沒有同一時間臺灣某位名人的緋聞搶版面。或許推動環境保護者最困難的並不是生態調查和收集數據，也不是與政府或廠商溝通折衝斡旋，而是如何讓人們真正可以意識到填平彰化海岸的一片灘地、砍掉苗栗山上的一片森林、破壞桃園潮間帶的藻礁會與自己切身有關，如何讓人們能夠理解有一天白海豚、石虎、多杯孔珊瑚從臺灣的土地上消失對自己會有影響，這些畢竟和多數人在明亮燈光下吹著冷氣、喝著咖啡、打開電腦上網的生活實在距離太遙遠，就像眼鏡蛇如果不是「放生」到孩子學校附近也很難讓那位媽媽從更多角度去思考問題，就像布袋蓮如果不是堵塞抽水站而造成淹水也不會讓人們感覺到這些漂亮野花潛藏的災難。

然而生物多樣性的衰退如果都要等到出現災難才引起人們關

注，恐怕為時已晚。如果不能讓環境意識和生態觀念更廣泛的深入人心，不能讓人們理解生物多樣性和生態平衡對人類生存的重要性，尤其如果不能在環境運動中找出讓大家感受到與自己切身有關的聚焦點，談環境保護將是缺少大軍後援的孤獨奮戰；在據理力爭保護環境的同時，只有持續推動自然教育、環境教育以及最重要「知所節制」的人心教育才是未來能夠找出人與自然平衡發展的重要基礎。

1. 桃園市新屋區菜公埤，全臺灣第一處埤塘光電場，當地村民說以前冬天有很多鳧鴨（客語，泛指雁鴨科鳥類），光電蓋好之後都沒看到了；我拍攝當天正值一月份原本應該是冬候鳥最多的時節，整個埤塘只見到一隻大白鷺和三隻小鸊鷉留鳥。人們總是在計算經濟效益時忘了「生態」成本。

2. 小規模而分散的農地和山林「種電」，不但使土地利用及生物棲地碎塊化，也增加了電網建置維護的成本。

回到沒有電的日子，可能嗎

從世界各地和臺灣的例子可以看到，目前為止並沒有真正無害、乾淨、低成本的能源，即使「綠色能源」同樣必須付出各種環境與生態成本，而地球上多數生物也難以在短時間裡演化適應這些人類創造出來的非自然物，雖然科學家和工程師已經努力靠著知識經驗預先避免可能危害的情況，但自然的變化始終並非人類能夠完全掌控，能做的多半也只有在問題發生後儘量設法補救。

經過這一百多年的發展，人類還能再回到不依賴電能的生活型態嗎？想要成為方舟的「第二生物圈」，不但需要額外的電力維持，也無法從太陽能得到足夠發電量，內部更沒有礦業開採和工業生產可以替換壽命有限的太陽能板和儲電設備。在高科技舒適生活背後支撐的正是高耗電，想想如果遇到大停電，依賴電腦和網路運作的現代經濟系統將嚴重癱瘓，你也許不關心股市交易，但如果提款機無法取錢買菜或無法刷卡吃頓飯可就是切身問題了，我們日常生活中頻繁使用的手機、電腦、網路設備也全都是耗費大量電力和地球資源的產物，而我們真的可以因為「愛地球」不再用這些東西嗎；如果答案是否定的，我們又該怎麼做呢？

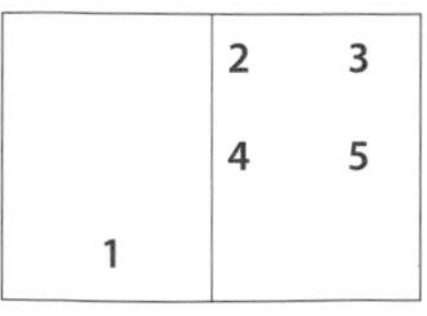

1. 圖右的梯形範圍是北港溪口鰲鼓，一九六〇年代臺糖在此築堤填海種植甘蔗，但由於超抽地下水導致地層下陷、土壤鹽化失去農業用途而逐漸荒蕪，吸引了許多野生動物棲息，是人與自然爭地又再回歸自然的例子，二〇一五年經內政部公告為國家重要濕地，避開了被光電板遮蔽的命運。但臺糖這位全臺灣最大地主還有許多「閒置無用」下陷濕地和補助造林滿二十年「依法可砍除」的農地正在計畫改種光電，推動綠能當然應該要支持但也並非盲目支持，這些大面積能源開發案讓人憂慮的是「免環評」。

2. 鰲鼓濕地常見的冬候鳥，紅嘴鷗與黑腹燕鷗。

3. 尖尾鴨，左雌鳥、右雄鳥。

4. 站在木樁上晾曬翅膀的普通鸕鶿。

5. 琵嘴鴨，左雄鳥、右雌鳥。

【第二樂章】

02

生而自然，而不自然

山與海交會的美麗方舟

臺灣在地圖上所佔的面積雖然並不算大，經緯跨度也不寬，但因為正好位於菲律賓板塊和歐亞板塊的交會處，幾次推擠抬升的造山運動讓這座島從平地到高山形成了將近四千公尺的海拔落差。隨著兩、三百萬年來的地形和地貌演變，島上逐漸生成了海洋、沙灘、岩岸、高位珊瑚礁、平原、臺地、丘陵、盆地、火山、溪流、湖泊、沼澤、峽谷、森林、高山⋯⋯多樣的環境。雖然世界上很多地方都有漂亮的海岸風光，也有很多地方能見到壯闊的高山美景，卻很少像臺灣這樣在一座島上同時擁有豐厚的海洋母親與高聳的山脈父親，有著熱帶、溫帶以至高海拔寒帶的景緻和生境，也在其中孕育了無數美麗的生命。

臺灣本島的海岸線長達一千兩百公里，加上離島更超過一千五百公里，還有兩百六十八座三千公尺以上的高山，如此得天獨賜的條件，讓我們離開城市不遠甚至在城市周緣就有機會親近浩瀚深邃的海洋，幾個小時內又能開車登上島嶼中央綿延無盡的高山；這在許多地方簡直是難以想像的奢侈，曾經有一次聽四川的朋友說起，他小時候最大的願望之一就是有一天要去看海；然而許多生活在島上的人卻因為太過習以為常，反而忽略了這樣的幸福，忽略了許多近在身旁的風景。

不過，除了原住民和先期少數開墾、通商者，絕大多數人能夠親近臺灣高山也只是最近幾十年的事情。十九世紀以前，這些高山上僅有原住民往來通行和狩獵採集的步徑，直到一八七五年沈葆楨為了加強治理和防務才規畫開闢了三條跨越山脈從西部通往東部的道路：北路由羅大春帶領從蘇澳至奇萊（蘇花古道），部份沿海、部份越嶺而行；中路由吳光亮開鑿從林圮埔至璞石閣（八通關古道），跨越中央山脈高海拔，也是工程難度最高的一條，在沈葆楨的上奏疏裡還提到「內山氣候極寒，竟有六月飛霜」；南路由張其光負責從射寮至卑南（崑崙坳古道）。由於山勢陡峭開闢困難且維護不易，當時這些道路也僅通人行和輿馬。日治時期為了治理和開採山區資源，才在清代官道和原住民古道基礎上修築了幾條可行車輛的公路，如蘇花臨海道路、合歡越嶺道路等。直到二戰後，以退除役榮民工程隊為主加上國軍工兵參與開闢下，才大致完成了今日臺灣山區公路的基礎。

雖然公路開通讓人們有了親近高山生態的方便性，但「親近自然」顯然並不是歷代修築任何一條公路主要的目的，自從有了便捷的交通後，短短數十年的時間裡，人們不但引入了許多原本不屬於山裡的事物，也從山裡帶走了更多東西。

連橫說臺灣是「婆娑之洋，美麗之島」，與其說臺灣是島，不如說更像大海上的一艘方舟，載著無數生命躲過了黑夜裡一次又一次的風暴與海嘯，迎向每一個燦爛溫暖的日出。然而，最近這艘船上卻養出了一種愈來愈肥大的巨型老鼠，為了自己更舒適的生活開始在船上到處打洞啃咬，忘了島嶼生態系統封閉與脆弱的特性，忘了再堅固的船如果破洞太多也是會沈的，我們有可能在方舟沈沒以前阻止這種愚蠢生物的行為嗎？

從海拔三二七五公尺的臺灣公路最高點武嶺遠眺合歡山越嶺公路。

從海上看清水斷崖。很少有一座島像臺灣這樣，同時擁有豐厚的海洋母親與高聳的山脈父親。

澎湖西嶼鄉，池西玄武岩景觀。澎湖群島除了花嶼為矽岩（斑狀安山岩）外主要都是由玄武岩地質構成。

墾丁船帆石，恆春半島是臺灣最典型的「動物造陸」珊瑚礁海岸。臺灣本島有長達一千兩百公里的海岸線，但許多地方已經水泥化，自然海岸線只剩下百分之五十五。

臺灣許多河川上游依舊保有着美麗的景色，中、下游受到開墾、採砂、水利工程和排廢污染影響，早已失去了自然風貌。

高雄燕巢月世界，地下泥漿噴發湧流經過長時間堆積風化形成了特殊的泥岩地質景觀。

臺灣西部地區在古代原本是從高山崩落沖流而下的堆積礫石層，由於板塊運動抬升而成為臺地或丘陵，北起林口南至彰化八卦山，地質上稱為「頭嵙山層」，圖為苗栗三義火炎山自然保留區。

人定勝天，人真的可以勝天嗎

從小我們就聽著太多「人定勝天」的故事長大，教育部還曾經把「愚公移山」故事的白話改寫版和原文版分別編入國小、國中語文課本，在許多人腦海裡烙上了深深的印痕。愚公對家門前的太行、王屋兩座大山阻擋交通深感不便，決定動員家人、號召鄉里共同剷除，最後感動天帝而命令大力神夸蛾氏的兩個兒子把山搬到了其它地方。

我並不懷疑把這個故事編入課本的用意，原本應該是想鼓勵人們對一件事情要有決心和毅力，但選編者可能並沒有考慮到「移山」究竟是不是有必要堅持去做的事情，會不會反而從小灌輸了人們對環境可以為所欲為的霸權心態呢？尤其到了現代，炸藥和超大型隧道鑽掘機的能力超過愚公手裡的鋤頭、畚箕何止千萬倍，即使遇上比鋼還要堅硬的四稜砂岩照樣能夠挖出兩條十三公里長的隧道，更讓人覺得靠自己就可以把山移走，不需要天神幫忙；然而人真的可以勝天嗎，無數巨型鑽掘機就像巨型老鼠的兩顆大門牙，正在山區和城市底下不斷啃食著方舟的艙板，渾然不覺這些破洞連帶引發的各種問題。

愚公移山故事除了「人定勝天」的議題之外，還有太多可以討論的地方，首先就是當愚公提出挖山構想時，他的妻子就點出了「要把土石倒在哪裡」的問題，最後大家的決議和做法是用畚箕裝運倒在渤海裡，關於這點從列子所在的春秋時期到現代都沒有更好的辦法，只顧「移山」的交通利益卻忽視了「倒海」可能引起的環境災難。以當年超大型鑽掘機開挖的雪山隧道為例，挖出了九百四十四萬立方公尺廢土，扣掉工程回填還有五百三十萬立方公尺，要往哪裡倒呢？我粗略算了一下，這個體積大概是兩座半的臺北一〇一大樓。

再以早年全臺灣規模最大佔地兩百二十公頃的臺北縣平溪棄土場為例，總容量也只有一千一百萬立方公尺，每逢大雨沖刷而下的泥流很快就使柴橋坑溪生態整個毀滅，而臺灣各項工程和建案每年挖出的廢土究竟要覆蓋多少公頃的山林谷地和溪流？由於棄土場實際容量根本不足，許多黑心業者只賣證明而不管土方有沒有進場，以致山谷、河川、海岸、農地、魚塭……都成了非法棄土的地點，其中最有名的就是「五股垃圾山」，問題至今仍未完全解決；臺十一線拓寬工程，廢土則是直接推下美麗的花東海岸，沖入太平洋。另外當大臺北居民享受著快速方便的捷運系統時，有人會關心超過兩千萬立方公尺的廢土是怎麼處理的嗎，有沒有人知道水利署曾經核准捷運新莊線廢土以「整治河床」的名義就近倒在淡水河裡呢？

另外我更好奇的是愚公家族的祖先為什麼會選擇有太行、王屋兩座山「阻擋」的地方定居，難道沒有更正面的理由嗎？比如這些高山其實阻擋了北方寒流的侵襲；如果我要新編這個故事，後面一定會加上一段：愚公一家人到冬天飽受霜雪之苦，為了禦寒必須燒更多柴火，但山已經被移走沒有樹木可砍了。而最讓人不解的是，如果居住環境不適宜，為什麼要耗費大量的時間與人力成本去移山，搬家應該會比挖山更實際，成本也更低，但人類卻總是只懂得前進「勝天」而忘了有時後退「順天」更容易解決問題。

2

1

1. 鄒族特富野部落的祖先經過多次搬遷後選擇在此背山面谷的平臺定居，自然有其生存需求、生活智慧和歷史原因。

2. 有工程就有廢土，有生活就有廢棄物，這些東西都到哪裡去了？新北市大漢溪河濱公園自行車道，因為某次電訊中繼臺施工開挖地基才讓人看見，美麗的草皮底下原來全都是二十多年前臺北縣政府執行「萊茵計畫」就地推平掩埋在高灘地的垃圾和廢土。

一條公路的美麗與哀傷

在通往高山的公路開通後，只要幾個小時就可以從平地到達海拔兩、三千公尺的高山，雖然更方便人們親近自然，卻也更方便人們掠奪自然，這些道路遠看就像是在山上切劃了一條一條的傷痕，許多鄰近傷痕的地方也已經感染生病，大規模伐木、人造林、開闢農場、休閒遊憩區，一百多年來臺灣山區自然生態受到人為改變的速度是前所未有的。儘管這些大自然的傷口讓人心痛不捨，然而如果到高山走走還是可以感受到，臺灣的體質和健康仍未病入膏肓，只要病情不再加劇，只要人類懂得後退，讓大自然有休息生養的空間，這些傷口還是有可能慢慢復原的。

耳聞不如親見，我想帶著大家走一條從平地通往高山的道路，親身感受臺灣的自然美景，也看看近代臺灣人與天爭地的歷史，在經濟開發和生態保育上的衝突與協調，重新思考人與自然更和諧的相處方式。從宜蘭往梨山這條編號「臺七甲」的公路，是我經常探訪自然生態的「秘密花園」之一，徐仁修老師曾經把他在這裡多年來的自然觀察經驗和感悟寫成了獲得文學獎的作品《思源埡口歲時記》一書，常聽許多朋友說他們就是從這本書開始接觸自然文學也深深感受了臺灣的美麗。

離開市區後走臺七線順著蘭陽溪岸的公路往山區前進，首先遇到的卻非自然美景而是呼嘯來往的砂石車。蘭陽溪的砂石質地極佳，每公噸價格比宜蘭其它溪流所產高三、四倍，也因此盜採問題特別嚴重。早年此地採砂和臺灣許多河川一樣是採「許可制」，但業者取得許可後往往以合法掩護非法，移樁越區、深挖盜採，這些掏空河床的做法不但影響水土保持更危及堤岸和橋梁安全，每天上千輛次的砂石車也常常因為超載而毀損路面、橋樑，捲揚的塵土除了影響沿途居民生活品質，甚至還頻頻發生車禍。一九八九年臺北縣所有河川全面禁採砂石後，臺灣對河砂的需求全都轉到了濁水溪、蘭陽溪等處，也使得這些河川的超挖盜採問題更加嚴重，宜蘭縣政府不得不在一九九一年停止核發採砂許可，向經濟部水利署第一河川局申請辦理「疏濬採砂」並納入公共造產改採發包辦理。

此項化暗為明的管理政策雖然減緩了盜採問題，卻無法改變採砂帶來的水文影響，一九九五年的一項研究發現，由於長年採砂使原本應該沖到蘭陽溪口堆積的砂量大減，導致海岸倒退，南北砂嘴距離也變大，如果情況持續恐將會使沿海地區的地下水層鹽化，牽動民生及農漁養殖業發展，因此宜蘭縣府決定公告自一九九七年起全面禁採蘭陽溪砂石。但臺灣各項工程對砂石需求量非常大，來自營造業者的陳情和各種關切壓力始終未曾停止，加上二〇〇一年北宜高速公路蘭陽平原段開始動工，修築從雪山隧道口通往蘇澳的高架道路需要大量的砂石，這道禁採令只維持短短四年就找到了「必須」重新開挖的理由。

面對環境保護的質疑聲浪，當時宜蘭縣政府正式發布新聞稿表示：「北宜高速公路平原線已預定於九十年九月份動工，需要二五〇萬立方公尺砂石，若由外縣市供應，勢必造成本縣聯外及境內道路交通及環境之嚴重衝擊……亟需儘早另覓砂石料源，以利工程順利進行，早日完成通車，以利本縣繁榮。經濟部於本年六月蒞縣考核蘭陽溪管理情形，亦指示蘭陽溪從八十六年禁採以來，砂石已有回淤現象，建議應予測量後依計畫疏濬之……本府施政絕對會以大多數民眾之利益優先考量，並兼顧防範保障其他少數者之權益。」這段聲明其實誰都明白有兩個重點，其一就是左手拿著「中央有工程需要」的令牌，而且經濟部才是河川主管單位，地方政府只能配合辦理；另外，右手扛著「早日完成通車，以利本縣繁榮」的大旗，提醒環保團體「其他少數者」真的要繼續和「大多數民眾之利益」作對嗎？

蘭陽溪的砂石「疏濬」至今未停，也似乎未見政府或民間持續關注海岸倒退和地下水層受到影響的問題。而這類問題也不只發生在蘭陽溪，現代生活裡到處都有生活需求與環境保護的衝突，只要住在水泥建築、只要使用道路的人都身在其中無法迴避。

生活需求與環境衝突

我經常走北宜高速公路往來臺北、宜蘭，到蘭陽溪口自然觀察，也關心當地環境退化與生態的問題，如果你問我該怎麼辦，其實真的很矛盾啊！當年修路需要的二五〇萬立方公尺砂石如果不從蘭陽溪也會從其它地方採挖，只是轉移了環境衝突點，除非當時停建北宜高，但停建這條已經開發到半途的公路是解決問題還是有可能衍生其它的問題呢？停建、續建或變更，也只能評估利弊得失，儘量找出「傷害」最小的平衡點。而傷害總是難以避免，我們居住的房子、工作的場所、使用的馬路、購物的地點、運動場、美術館、音樂廳、學校、公園、停車場……都是工程建設，只要有工程，就需要砂石、水泥、木材，就會有廢土、有各種建築廢棄物，這些東西要從哪裡來，往何處去呢？當我們的生活愈來愈離不開汽車，愈來愈需要道路，就無法不去面對這些生活與環境的衝突，深入討論並且尋求解決之道。

臺灣各項公共工程和營建業每年大概需要四、五千萬立方公尺砂石，但核准的採砂總量大約只有三千萬立方公尺，如果遇到進口砂石量不足，剩下的缺口是從哪裡來的呢？這也是為什麼會有盜採也經常出現海砂混料影響建築安全的根本原因。只要營建工程愈多，砂石和水泥的需求一定愈大，要求政府減少河川砂石和水泥礦區的開採也就愈難，即使表面上禁採或管制總量，也只是讓問題轉到了檯面下。尤其營建並不只是單純的工程，更牽動著經濟成長、景氣繁榮和金融秩序的一部份，政府究竟應該如何有效管制公共工程量，臺灣是不是需要這麼多的住商營建，這樣緊密糾纏的發展模式究竟該如何緩解的確需要更大的智慧。

而我其實也想知道，當年參與萬人連署反雪隧者，有多少人現在已經很習慣從國道五號往來臺北、宜蘭，心裡又是怎麼看待或思考這些事情呢？曾經和大家一起上街頭抗議，並公開表示自己死後靈車也不走雪隧回鄉的宜蘭作家黃春明，有一次因為差點趕不上排定的演講時間只好走國道五上臺北，在開場時主動談起了這件事情，他說：「其實還滿方便的。」我絕對支持當年這項運動在「公民參與公眾事務」上的重要價值，更佩服黃春明真誠面對問題而不迴避討論的態度，正因為實際存在著矛盾，這個嚴肅的議題才更需要深思，人類究竟應該如何取捨、如何拿捏進退分寸，面對這些在現代發展中與自然衝突的共業尋求解方。

當生活需求與生態環境出現強烈衝突時，我們真的能夠義無反顧放棄需求嗎？我想起一九七〇年代開始規畫翡翠水庫時，臺灣特有種烏來杜鵑已知唯一的野生地就在預定的集水淹沒區內，當時為了穩定供應大臺北地區數百萬人的生活用水，工程勢在必行，最後也只能折衷採移植保存，在那個經濟發展和民生建設重於一切，環境教育還未萌芽的年代，除了植物學家應該也很少有人會關心這件事情。一九八七年翡翠水庫完工開始蓄水，淹沒了烏來杜鵑原生地，

各項公共工程和熱絡的房產營建，不單只有開採砂石、水泥對環境的影響和生態保護問題，也牽動著經濟成長、景氣繁榮和金融秩序，的確是個複雜難解的課題。

此後超過三十年未再發現野生的植株，因此這個臺灣特有的杜鵑花被列入了「野外滅絕」物種，現在各處所見烏來杜鵑是當年移植到特有生物中心等地方保留的種源所扦插復育。而今天臺北人打開水龍頭使用著源源不絕的清水時，又有多少人會知道或在意這個物種的滅絕呢？對很多人而言，他們可能更關心的不是烏來杜鵑，而是今年的陽明山杜鵑花季從哪一天開始。

	3
1	3
2	

1. 移地保存在特有生物中心低海拔試驗站的烏來杜鵑種原。

2. 供應數百萬人生活需求的翡翠水庫。除了民生用水、農業灌溉，撐起臺灣經濟的半導體產業更需要水庫，我們該如何穩定「經濟發展」和「環境保護」的天平呢？

3. 只要有工程就會有影響也難免傷害自然。淡水河華江橋一帶曾經是來臺冬候鳥重要的棲息地，早期臺北市野鳥學會調查每年有超過一萬隻小水鴨在此度冬，還不包括其它雁鴨科鳥類和鷺科，這兩圖拍攝於一九九〇年代前期，自從二十多年前陸續把雁鴨休息的高灘地變成人類打球、騎車、玩遙控模型的河濱公園後，野鳥學會每年調查結果小水鴨都不到一千隻。

在河床上種菜

沿著臺七線公路經過泰雅大橋後，沿途可以看到河床上種滿了西瓜或高麗菜。從一九六〇年代以來全臺灣的西瓜種植面積大致都維持在一萬一千公頃，其中有些在一般農地，也有很多是在溪床高灘地如大安溪、大甲溪、濁水溪、高屏溪、蘭陽溪、秀姑巒溪……等，從北到南、自西而東，人們在政府的合法「協助」下把每條溪床都變成了農田。清代以前噶瑪蘭族就在蘭陽溪下游沖積扇世代耕墾生息，其族名也是宜蘭舊名的由來，十八世紀末吳沙率眾入蘭後，蘭陽平原更進入了快速開墾期，也導致噶瑪蘭人陸續南遷，不過範圍大致還是在牛鬥以下的地形平緩區；直到最近數十年隨著農業機械和農耕技術進步，加上農產需求量大增，蘭陽溪的種植才開始進入高灘地並且逐漸往上游沖積扇發展，一直延伸到了南山高臺地下方的溪床，開墾規模超過了一千公頃。

至百韜橋轉入支線臺七甲公路，這段公路原本是泰雅族古道，日治時期佐久間總督為了「理蕃」及防禦需要而闢建為可通行車輛的匹亞南警備道，並在埡口的羅葉尾溪旁設立匹亞南駐在所（戰後曾改修為思源派出所）；匹亞南是此地最大的泰雅族聚落，今名南山；一九五五年至五八年以退除役榮民為主的工程隊重修此路，改道繞過容易崩塌段並擴建成為現在的路線。沿途除了可以看到繼續向上游延伸的河川地農園，還有幾個農業專區，其中四季和南山是原住民保留地，四季海拔約七五〇公尺，南山高臺地海拔一一六〇公尺，也是高冷蔬菜重要產區，種植面積同樣將近有一千公頃規模，第一次經過南山蔬菜專業區的人，很少不被那些一望無際、整齊排列如閱兵場面的高麗菜所震撼。

為什麼大家喜歡吃高冷蔬菜，這些地方種植的高麗菜真的比較甜嗎，還是品種問題，或者根本只是心理作用？其實真的會比較甜，這是植物的生存策略，在海拔較高的地方日夜溫差大，尤其在接近冰點的環境下，植物會合成較高醣分以避免細胞內的水分結冰撐裂細胞壁導致損傷，加拿大糖楓就是個著名的例子，日本北海道也有些農民刻意在冬季時把蔬菜鋪上稻草後留在田裡，任由積雪覆蓋，增加甜度再採收。我曾在思源埡口拔起廢耕農場裡殘存在冰雪下的蔥生吃，有非常濃郁的青蔥香味，但口感幾乎像沾了糖漿一樣。

不過這些高臺地上的蔬菜專區和沿著溪床綿延將近三十公里的農園並非只有水土保持問題，更大的影響是耕作時施用的農藥和肥料，早期為了降低成本，農民曾經大量使用從養雞場直接運來的雞糞做為肥料，未經發酵熟化處理的雞糞除了容易孳生蚊蠅，超量的有機質也使河川優養化導致溶氧量降低，成為影響魚蝦生存的溪流生態殺手，同時更造成水中的大腸桿菌數飆高，污染了下游民生用水；而滲透到溪中的農藥殺蟲劑也往往對水生動物具有毒性。

二〇一一年十月，宜蘭縣政府公告禁止蘭陽溪葫蘆堵橋上游各項「足使水污染行為」，包括使用禽畜糞、魚毒性農藥、未經核准登記之肥料等。更早在一九九七年臺中縣政府也已公告大甲溪流域《櫻花鉤吻鮭野生動物保護區範圍及管制事項》，當中就明訂了「應使用低毒性農藥，嚴禁使用經政府公告禁用之農藥及未經發酵之有機肥料」。其中宜蘭縣政府所規定的「禁用魚毒性農藥」相對較為嚴格，現有合法殺蟲劑幾乎大部分都具有傷害魚蝦的毒性，因而也導致有些農民強烈反彈，認為如此一來合法承租河川地的農民幾乎無法控制蟲害維持收成。

在河床上種菜到底會有多大影響，當然是個值得討論的生態問題；但西瓜田和菜園該不該退出或如何退出高灘地，卻不只是單純的生態問題也是攸關農民生計的社會問題。政府需要財源，農民更需要收入，如果全面停止出租蘭陽溪床耕作，每年減少了六億元西瓜和十幾億元高麗菜產值，受害最大的絕不會是政府而是農民，這些錢對擁有龐大預算的政府來說根本只是九牛一毛，卻是很多農民養家活口唯一的希望。其實農民在河床上種菜也像豪賭一樣，每一次耕作都是與天對賭，如果在作物收成之前遇到連續豪雨或颱風帶來的洪水沖毀高灘地，所有的努力將會全部泡湯，尤其西瓜農只能看著辛苦一整年的成果付諸流水。

保護生態環境，絕不應排除改變當地居民生活所可能衍生的社會問題，政府或環保團體如果只是一味限制農民或要求撤出而沒有配套協助轉型的機制，將使雙方永遠站在對立面而難以化解緊張關係甚至引起衝突；在後面的篇章裡，我會舉幾個在世界各地所見和臺灣本地如何「換位思考，共創三贏」的例子和大家聊聊。

從泰雅大橋直到臺七甲三十二公里處的米摩登溪谷，河床菜園始終如影隨形，過了可法橋後公路開始曲折蜿蜒、快速爬升往海拔一九五〇公尺的思源埡口，馬當溪兩側山高谷深不利開墾，這條公路的菜園「巡禮」才算告一個段落；不過沿途另一個特殊的場景同樣讓人難忘，那就是沿著公路邊坡掛滿了密密麻麻的水管，這些是南山地區農民從穩定高山水源頭牽拉的灌溉用水，人們為了生活所需不但改變了土地的樣貌，也改變了水流的方向，即使兩旁沒有了菜園，在公路以外仍然有著看不見而巨大的怪手試圖掌控自然。

科學家常警告說超量使用水資源將禍延子孫，但如果不是災難降臨眼前很多人可能只把這些話當耳邊風或危言聳聽。我在屏東林邊見到了半海水養殖業長期超抽地下水造成的影響，地層下陷使得很多房子二樓變成一樓，一樓埋在土裡變成了「地下室」，有些新建的房子乾脆預留未來可能下沉的高度必須以階梯出入家門。同樣在臺灣西部沿海的養殖區，我也記錄過地層下陷使得許多人的祖墳地即使在堤防內還是下降成了淹沒區，由於民間信仰認為祖先陰宅泡水潮濕將影響子孫運勢，後人也只好請安息的祖先搬「家」遷葬，看來超限使用環境不但禍延子孫，還可能禍延祖先啊！

	1	2
	3	4

1. 蘭陽溪高灘地菜園，河川中、下游自然景觀應該是長滿了隨風搖曳的甜根子草，但人們靠著「人定勝天」的農業機械和農耕技術，把許多河川的行水區都變成了農地。

2. 南山蔬菜專業區，整齊排列如閱兵場面的高麗菜。

3. 植物為了避免凍傷，會合成更高濃度的醣分。拔起冰雪下的蔥生吃，口感幾乎像沾了糖漿一樣。

4. 臺灣西部沿海因為超抽地下水導致地層下陷而浸泡在水中的墓區，超限使用環境不但禍延子孫，還可能禍延祖先。

路邊的野花請不要砍

道路邊坡小空地裡常可見到成片盛開的白花或黃花，乍看會以為是公路單位栽種的景觀美化植被，那些小白花我在淡水河畔的自行車道兩旁也見過很多，同樣綿延了一大片，這兩種美麗的花兒並不是人為刻意栽種但也非原生，而是早年引進做為牲口飼料或綠肥的白花苜蓿和鈍葉車軸草（黃菽草），由於繁殖擴散能力很強，早已離開農田在臺灣各地到處生長，有些林道開闊處也能見到它們的蹤影。在臺灣各地郊山步道泛濫成災，早已除之不盡只好「視而不見」的外來植物還有非洲鳳仙花、紫花藿香薊等。

如果植物會做夢，除了面對這些優勢外來種不斷攻城掠地，從馬當到思源這段路旁野生植物還有一個終年揮之不去更大的噩夢，那就是不知何時會來的「除草」工作班。臺灣各處山區道路都有著相同的問題，這些多半是各地方政府「以工代賑」的項目，原本編列此項經費的用意非常好，不直接發放救助金給經濟弱勢者而是希望他們自食其力以勞務換取工資，如公共環境清潔維護、訪視協助獨居長者、公共設施管理……或是災區居民的自力重建等。但這項經費到了城市以外，常常就是用在「砍草」，為什麼各地協會或合作社承接的以工代賑專案會以砍草為主呢？有位承接專案的朋友告訴我，其中一個關鍵原因就是經費請領核銷必須有「施工前」和「施工後」的照片，如果只是清排水溝、掃落葉並不容易在照片上表現出來，把所有植物砍個精光是彼此都容易交代的方式。

當然適當整理公路邊坡以免植物蔓生影響行車安全是必要的，政府其實也常會收到「路旁雜草叢生，怎麼都不做事」的投訴，但為什麼不能做到更友善自然的方式呢？新店獅子頭山一帶，是臺灣特有種植物「新店當藥」的重要棲地，花期在每年十一月左右，新店當藥的花非常特別，蜜腺並不在花朵基部而是在每片花瓣中央濃紫色的斑點上。由於這種植物是二年生草本，第一年蓮座狀基生葉長在山壁上真的很像普通「雜草」，即使到了第二年夏末開始抽出花穗也仍然不太起眼，往往在開花之前就被砍草工人斷頭而白費了兩年的努力生長。雖然此地有守護志工但也不可能隨時巡山，而經常輪換的砍草工人也無法分辨哪些是應該避開的「重要」植物；幸好經過許多人不斷呼籲請願總算得到政府單位善意回應，要求除草班工作時避開新店當藥的重要繁育地點，也在幾處道路旁立了帶有圖片的保護公告。

新店當藥畢竟是侷限分布在臺灣北部山區的明星物種，因而得到了關注與保護，然而在搶救新店當藥之後呢？臺灣各地仍有太多類似的例子，有太多山路旁的美麗植物往往來不及長大就被砍除，而且就算只是「普通」植物，也可能是當地某些生物重要的食草；如何兼顧「道路美觀」和「自然保護」，是一個亟待全面性檢討的生態問題。

淡青雀斑小灰蝶是思源埡口夏日明星物種，也是臺灣四種幼蟲兼有「植食性」和「肉食性」的蝴蝶之一，成蟲只出現在每年六到八月間。這種蝴蝶的幼蟲剛孵化時是以幾種唇形科植物花朵為食，到了三齡期蜜腺發育後會掉落地面讓螞蟻帶回巢中，而後開始奇特的「寄生與共生」關係，小灰蝶幼蟲變成肉食性以捕食螞蟻的幼蟲為生，但也會產出蜜露供螞蟻取食而得到保護。本種受到公路除草的影響很大，生長在邊坡的風輪菜、疏花塔花等食草如果在幼蟲一、二齡期被砍除，當年族群數量就會大減而不易見到。

臺七甲公路旁成片生長的白花苜蓿，這種原產歐洲的綠肥植物已經從農牧地擴散到了山區。

通泉草是春天派來思源埡口的信使，但「兩國交戰，不殺來使」的守則顯然並不適用於這些生長在臺七甲公路邊坡的小草，它們經常被「交戰國」人類的除草班砍頭。

臺灣附地草用繽紛熱鬧的花朵向人類提出強烈抗議：誰說長在思源埡口公路旁的都是「雜草」！

臺灣特有種新店當藥，蜜腺在每片花瓣中央濃紫色的斑點上，圖中可見到許多螞蟻前來採蜜；拍攝於新店山區。

我的秘密花園

沿著公路續行，兩旁的自然風光總算讓人把西瓜田、高麗菜園和綿密交錯的水管漸漸拋在腦後。從這裡往南翻越宜蘭、臺中交界的思源埡口，一直到武陵農場之前是整條公路人為干擾較少，最能呈現臺灣中海拔自然景色的地方，不但吸引了無數單車騎行者，也是許多《思源埡口歲時記》這本經典自然文學讀者前來感受書中美景的主要路段。

我在這條路上有很多秘密花園，其中一處幾乎每回開車經過都會停下來，從一個不起眼的小缺口鑽進去走走，倒不一定是為了看什麼漂亮植物，而是那種明明公路就在腳邊卻彷彿瞬間穿越了雲霧山水回到最初的自然感。一年當中多半時候它就只是一片安靜的林子，偶爾點綴著幾叢低矮的阿里山繁縷，當然如果運氣好遇到數年一次的蘭崁馬藍盛花期，走在霧氣氤氳掛滿了枝狀地衣的樹林裡，四周鋪著讓人連走路和呼吸都不敢太用力的藍色花毯，那種感覺用「童話世界」還不足以形容。我在林下也見過一些八角蓮和高山七葉一枝花，然而這些「名貴草藥」總在下一次造訪時就不見了，看來這片森林不只有美麗童話，也還有壞巫師經常出沒。

從可法橋到思源埡口直線距離大概只有四、五公里，海拔卻陡升將近六百公尺，公路盤山繞水而行蜿蜒了十四公里，這片山林總算得天獨「高」而避開了人類貪婪的侵佔。雖然兩旁地勢陡峭但濃密的植物還是長滿了山坡，其中有些我認識也有更多是叫不出名字的樹，殼斗科和樟科是這片中海拔溫帶林的優勢樹種，崩塌地總是長滿了先驅植物臺灣赤楊；偶爾有些地方能見到被稱為活化石的昆欄樹，這是恐龍還沒有稱霸地球的三疊紀時期昆欄樹科植物當中唯一遺存至今的成員，雖然是被子植物但在木質部卻沒有導管，而是像裸子植物一樣以管胞（假導管）輸送水分。

路旁陡坡下生長了幾株山核桃，附著密生的枝狀地衣讓原本就已經扭曲的樹形看起來更顯蒼勁，枝頭才剛剛冒出些許新葉，雄花的柔荑花序就已經迫不及待垂掛了滿樹，但此時新生枝條上根本還沒有雌花的影子。或許是植株個別差異，或許是環境因素，許多山核桃常有這樣的「雌雄異熟」情形，加上這種植物主要是風媒花，很少有機會靠著昆蟲遠距授粉，如果雌花開得晚了，今年的結果率也就不高，但奇特的是儘管雌雄花很少同時開，山核桃在臺灣仍算普遍，全島中海拔山區都見生長，看來每種植物也都有自己獨門的生存密技。

初春時，山坡上疏疏落落開著緋寒櫻、阿里山櫻，點綴在微寒料峭的山色裡顯得格外細緻，冬日裡沈睡如槁木的大樹也在春陽下紛紛醒轉，迸發著蓄積已久的能量，幾天時間就在光禿禿的枝幹上掛滿了淺黃的、嫩綠的以及更多紅色的新芽，在花青素和胡蘿蔔素作用下，還沒有合成葉綠素的鮮紅嫩葉一點也不輸給繽紛的秋色。小時候畫風景，我們總是拿起蠟筆把整片山塗成綠色，長大後真正走進山裡才發現，原來山一直都是彩色的。

短暫的櫻花期後，偶爾還能見到一樹一樹白花間雜在濃厚的山石和蒼翠的樹影中疏疏落落生長著，乍看有幾分像是野化或棄耕的梨、蘋果之類，等到氣喘吁吁爬上山坡才確認是湖北海棠；雖然名為「海棠」不過它和市場上賣的蘋果還真是本家，這個從古典詩詞裡活生生走到眼前的植物在分類學上是薔薇科蘋果屬，人們習慣把果實稍大、口感較好尤其是經過育種改良的叫蘋果，小而無味或略帶酸澀的叫海棠；湖北海棠在臺灣還有個野生的親戚「臺灣蘋果」，外觀上最大差別在臺灣蘋果的枝幹上有刺而湖北海棠沒有；雖然名稱裡有湖北，但它並非人為引種而是冰河時期退去後孑遺在島上的物種之一，目前所知在臺灣的野生族群僅侷限分布於思源埡口一帶，已列入「極危」等級，幸好這一段山勢和地質都不利開墾，否則恐怕真的已經被水梨、蘋果取代了。

1　2 3 4　5 5	6　6 7　8

1. 從可法橋到思源埡口沿途山高谷深，總算避開了人類貪婪的佔墾。

2. 臺灣赤楊根部有根瘤菌固氮，能適應貧瘠土壤，昔日泰雅族人會在久耕的土地上改種臺灣赤楊，經過數年後便能回復肥沃的地力。

3. 掛滿了雄花柔荑花序的山核桃，雌花很少同時出現在枝頭。

4. 昆欄樹是古老的三疊紀孑遺植物。

5. 湖北海棠是冰河時期退去後孑遺在島上的物種之一，在臺灣的族群只侷限分布於思源埡口一帶，已列入「極危」等級。

6. 春天時新生的紅葉一點也不輸給秋色。

7. 靜靜開在森林底層的蘭崁馬藍，像是童話裡拇指姑娘休息的搖籃。

8. 經常被誤稱為阿里山卷耳的石竹科「阿里山繁縷」。許多網路資料都說花瓣深裂的是「繁縷」屬，花瓣淺裂的是「卷耳」屬，其實是以訛傳訛，這兩屬分類差異在花柱的數目和蒴果，繁縷屬花柱三。

四季交響詩

思源埡口位於臺灣兩大山系中央山脈和雪山山脈交會處的鞍部，日治時期稱為匹亞南鞍部，名稱來自北邊的泰雅族匹亞南部落（南山村），由於南北兩麓分別是大甲溪和蘭陽溪源頭，一九五九年臺七甲線修築完工後在鞍部立了一座「飲水思源」碑，地名也因此改為思源埡口。這裡的氣候受到季風和地形的影響非常明顯，北面迎著太平洋帶來的水氣，經常雨霧繚繞，南面則因為高山屏障而相對乾燥，植物相也因為氣候迥異而有很大的不同。

思源埡口的四季截然分明，每年三月西施杜鵑總是以它嬌柔大氣的粉色花朵宣告春天已經到來的消息，緊接著細葉杜鵑、臺灣杜鵑也在四月間陸續綻放，即使在車行中也能清楚辨認遠處開滿了白色鐘狀花朵的臺灣杜鵑，它們總是成小群落生長，也是臺灣原生杜鵑當中唯一可長成高大喬木而且形成小森林的種類，話雖如此，或許由於人跡易到的山區幾乎都已開發或造林，或許是自己走的路不夠多，我還沒有機會遇到真正能夠漫步其間的臺灣杜鵑純林；在四川雪寶頂自然保護區尋訪亨利．威爾遜中國植物之旅的足跡時，我曾經走了兩個小時還在一片高大的杜鵑花純林裡。

其實杜鵑花並不只開在淡淡的三月天，在不同海拔、季候條件下，臺灣全年都有機會欣賞到漂亮的野生杜鵑花，其中又以花期長達十個月的金毛杜鵑為代表，我在大甲溪畔見過幾叢金毛杜鵑開滿了花朵從岩石峭壁上垂掛而下十幾公尺，彷彿紅色的瀑布般，不過這種杜鵑在其它杜鵑的主要花期三到五月間反而不是那麼常見，不免令人好奇它是害羞還是謙讓呢？

臺灣款冬是小溪畔最喧嘩的植物，也常成片生長在林道旁的潮濕地，早在冬日霜雪下它們就已經悄悄開始準備花苞，也總是搶在二、三月天就急著綻放，儘管此時空氣裡猶帶著濃濃的寒意，但任誰看到沿著溪邊一路往上游盛開的花朵都會知道春天真的來了；等

	1	2
	1	3

1. 可長成喬木森林的臺灣杜鵑。《臺灣植物誌二版》記載有十五種杜鵑，隨著新發現和分子生物研究比對，目前在分類上臺灣原生杜鵑已超過二十種，其中十二種為特有種。

2. 西施杜鵑是臺七甲沿途分布最廣的杜鵑，早春時節沿著公路盤山而上常有機會欣賞到它嬌柔大氣的粉色花朵盛開在向陽坡面。

3. 細葉杜鵑雖然葉小但是花多，讓人很難忽視它的存在，滿樹粉紅完全不輸給大家喜歡擠到風景區欣賞的櫻花。

到四、五月其它植物開花時它也不甘寂寞，又一次用多毛的瘦果燃起了一簇一簇白色的煙花。

埡口附近有兩條林道，原本是人類為了管理造林地而開闢的車行小徑，但在大自然用幾次崩塌和土石流強力「回收」之後已經逐漸荒化只通人行，成了最佳的自然觀察步道，編號七一〇的林道裡還有一臺半埋亂石中的怪手挖掘機，提醒著經過的人們誰才是這座山裡真正的老大。

1	1	6	6
2	3	7	8
4	5		

1. 臺灣款冬常成片沿著溪流和林道旁的潮濕地生長。

2. 從大甲溪岸岩壁上垂掛而下的金毛杜鵑，像極了大紅色的瀑布。

3. 長序木通花序就像一件細緻典雅的緞帶胸針藝術品。

4. 經過幾次山崩和土石流後已經完全看不出這裡曾經是可通行汽車的林道，一臺「孑遺」的怪手挖掘機提醒著經過的人們，誰才是這座山真正的主人。

5. 毛茛科蔓烏頭。烏頭花在古代有僧鞋菊的俗名，西方則認為像中世紀僧帽，也有人稱之為惡魔頭盔。烏頭屬塊根所含烏頭鹼可入藥但毒性很強，常被寫入小說、戲劇裡，三國演義當中關公請華佗刮骨治療的箭毒就含有烏頭。

6. 臺灣青莢葉的花朵開在葉片主脈中央，俗名「葉長花」，果實紫黑色。

7. 忍冬科蝴蝶戲珠花的不孕花就像成群白蝴蝶，繞著黃色的兩性花飛舞。

8. 臺灣羊桃是獼猴桃科獼猴桃屬植物，也是很多動物愛吃的原生種「奇異果」。

春天是森林裡最熱鬧的季節，沿著林道總是開滿了各種讓我「寸步難行」的小花，嗩吶草、刺果豬泱泱、高山兔兒風、蔓烏頭、海螺菊、五嶺龍膽、夏枯草、繡線菊、山牻牛兒苗、嫩莖纈草……崖壁上點綴著紫花堇菜、喜岩堇菜，下方則是黑龍江柳葉菜、大花細辛和大花落新婦的地盤；林道兩旁開闊處，生長著莢迷、蝴蝶戲珠花、臺灣溲疏、小葉胡頹子、長序木通、臺灣青莢葉、阿里山五味子、高山藤繡球等小型木本植物。登山健行者通常一小時走三、四公里，在這個季節我常常是待在林道中三個小時也走不到半公里。

長序木通開花時總是一身貴婦裝扮，雌花開在懸垂的花序上端，有如緞帶和珠寶鑲嵌的藝術胸針，而雄花蕊頭就像一長串精緻的手工繞線鈕扣。臺灣青莢葉是非常有意思植物，它的花不開在枝條也不長在樹幹而是開在葉片中央，雖然植物學家說葉片主脈可算是小枝的延伸，但每回見到葉子上簇生著青綠色的小花，而後結出一顆紫黑色的漿果，都還是覺得大自然實在有太多的不可思議！

潮濕而長滿苔蘚的暗綠色山壁上常可見到幾朵亮眼的小白花點綴其間，要說是「小」白花其實有些對不起梅花草，相對於植株它的花朵可算是夠大了。許多資料上都說梅花草生長在海拔兩千三到三千七百公尺，思源埡口是我見過生長海拔最低的地方，離開「水管公路」盤山而上，海拔一千四、五百的公路兩旁潮濕岩壁甚至長滿苔蘚的人造擋土牆上都能見到它們的蹤影。

時序進入七月，在碧藍的晴空和濃綠的山色間，多數植物的花期已過而果實仍在緩緩孕育著，思源埡口的夏日總是如此悠遠而漫長，鉛色水鶇雄鳥來回飛躍在溪石上唱情歌，宣示著自己的地盤，小剪尾在水邊自顧安靜的覓食，林鵰總在我抬頭看雲時無聲的從樹梢掠過。站在冷冽的溪水裡時間彷彿都要凍結停止了，無論天氣多乾燥炎熱，這一帶的水溫終年都在攝氏十七度以下，也因此成了來不及跟著冰河一起離開臺灣的溫帶魚類「櫻花鉤吻鮭」唯一得以安身續命的棲息地；由於環境受到人為干擾嚴重破壞，一九八〇年代櫻花鉤吻鮭一度只剩下不到千尾，經過多年搶救復育，「把溪流還給自然」後，目前族群數量已漸漸回復至穩定。

如果要以紅葉代表秋日，沒有人知道思源埡口的秋天會從什麼時候、從哪個月份開始，秋天是不看日曆的，一切總是在幾波寒冷空氣南下之後猝然而至。當氣溫降低、日照變短，負責光合作用的葉片也已在此時完成了一年當中最重要的任務：轉化營養供應母體生長、開花、結果，許多植物便準備進入節能休眠狀態以度過環境惡劣的寒冬，開始在葉柄基部形成分解細胞壁的「離層」，同時在連接枝條處形成木栓「保護層」，這些悄悄進行的自然奧祕使得每一片葉子脫落時都不會在樹上留下開放性傷口。當這些脫落機制阻斷了營養傳送，葉綠素逐漸分解，留在葉片中的胡蘿蔔素、葉黃素以及殘存醣類合成的花青素，就把滿山遍野的楓香、紅榨槭、青楓、阿里山千金榆……刷染成了秋天的顏色；而後在風起時、在秋陽映襯的藍天下悄然離開枝頭。從來詩人總悲秋，但在思源埡口我知道，落葉，並不是結束也無所謂憂傷，只是回到泥土裡靜靜等待著下一個燦爛的春天。

亞熱帶的臺灣並不常下雪，但如果氣象預報說海拔三二七五公尺的合歡山武嶺有可能降雪，思源埡口變成銀妝世界的機會通常還更高一些，雖然這裡的海拔不到兩千。冬天時如果北方大寒流挾帶濃厚的太平洋水氣南下，在埡口北面受到地勢阻擋陡升後，往往會使空氣溫度很快降到冰點以下，就算空中沒有形成雪花的條件，籠罩在森林和地面的水霧也會結冰，讓整片大地一夜之間變成了雪白晶瑩的世界。多年來無數次在思源的冰天雪地裡行走，我曾經見過羽毛上霧凇還未完全消融，就已經開始在枝椏間跳躍覓食的紋翼畫眉；也記錄過壓在厚重積雪下猶自生機盎然伸展著漿果和掌狀葉片的八角金盤，也難怪日本人非常喜愛用這種植物裝飾古典庭院，全世界只有三種八角金盤，原生日本兩種，臺灣有一種；生命在冰雪裡總是如此不容易，卻也在不容易之下更顯得珍貴而美好。

1	2	7		
	3		9	10
4		8		
5	6			

1. 思源埡口是我見過梅花草生長海拔最低的地方，常生長於公路兩旁潮濕的山壁上。

2. 兩隻爭奪樹液的寶島細腳騷金龜，發出的聲響和激烈拚命程度完全不輸給我在非洲見到的野牛牴鬥。

3. 盛夏七月，臺灣繡線菊溫柔而恬靜的綻放在林道旁，任誰看了它細緻繁複的花序應該都會覺得形容一件織品「巧奪天工」這句成語的「天工」指的就是繡線菊。

4. 小剪尾常在乾淨的溪澗走動覓食，不斷開合的尾羽兩側白色羽毛看來就像剪刀一般。

5. 葉片已轉為金黃的阿里山千金榆，在秋陽和藍天映襯下更顯燦爛華麗，思源埡口的秋天從不寂寥也無所謂悲傷。

6. 思源埡口的秋天，常綠的二葉松和八角金盤反倒成了配角。

7. 隨著幾波寒冷空氣南下，青楓葉片轉成了一年當中最多彩的顏色。

8. 大甲溪上游有勝溪冬景，櫻花鉤吻鮭的故鄉。

9. 雪中的多果八角金盤。五加科八角金盤屬全世界僅三種，臺灣特有一種，日本原生兩種。

10. 嚴寒冬日裡在七一〇林道和敬業而辛苦的巡山員偶遇，短暫聊天後他繼續邁步往冰封的山林走去。

我的小樹朋友

我在思源埡口的路旁有一棵小樹「朋友」，姿態並無特別之處，也從來沒有見過它開出什麼美麗的花朵，但就是覺得有緣，每回經過總是停下來看看，站在同一個位置拍幾張照片。某一年我得到尼康贊助，在文化大學藝廊、法雅客藝廊和玉山國家公園舉辦了《野。臺。WILD TAIWAN》臺灣自然生態攝影個展。其中一組作品就是這棵樹，我選了九張初春、盛夏、刮風、下雨、大霧、冰雪……不同天候、光線之下的照片裝裱成小框，再組合成九宮格掛在牆上，每個主辦單位都告訴我，最多人停留欣賞的作品不是盛放的玉山杜鵑，不是壯闊的奇萊連峰積雪，也不是梅花鹿、黃喉貂或清水斷崖前翻騰跳躍的海豚，而是這組「一棵樹的風景」。

就像塞尚一輩子不知道畫了多少張聖維克多山，臺灣前輩畫家陳德旺也站在同一個地點畫了無數次觀音山，儘管位置和構圖都一樣，但是季節變換、天光雲影、加上自己當下的感受還有隨著年齡而逐漸沈澱的心境，總是讓每一張作品都呈現了不同的風貌。自然攝影有一大半要「看老天臉色」，這組小樹風景的作品也是如此，說來我也只不過是帶著相機偶然經過並且按下快門的記錄者，大自然才是真正讓一切變幻無窮的藝術家啊！而這棵小樹，我甚至還沒有去查過它在生物學上的名字，在親近自然的過程裡，「名字」真的有那麼重要嗎？

右圖：刮風、下雨、大霧、冰封、殘雪，一年四季裡這棵樹總有著不同的面貌，大自然才是真正永無窮盡的藝術家。

不要讓兩千元鈔票變成了「滅絕物種紀念幣」

雖然思源埡口附近因為山勢陡峭而得以保有這段路上最美的自然景觀，埡口南麓沿著有勝溪兩側仍有不少零零星星的小菜園，這些農地造成的影響更讓人關注，因為農地旁的大甲溪上游正是國寶魚櫻花鉤吻鮭僅存的棲息地。如果櫻花鉤吻鮭從臺灣這塊土地上消失了，或許對生態並不會造成多大的影響，頂多就是讓兩千元鈔票變成「滅絕物種紀念幣」，但自然保護真正的意義並不僅在於讓某種生物存續在地球上，也不是什麼冠冕堂皇的國際名聲，而是反映著人類與自然相處的心態。

一九一七年，總督府魚類專家青木糾雄在宜蘭四季調查淡水魚類，輾轉獲得一尾泰雅族斯拉茂社（今梨山）原住民醃製的鮭魚，將此事告知正在美國史丹福大學進修的長官大島正滿，大島將此事告知導師大衛．喬丹，但喬丹認為鮭魚怎麼可能生長在亞熱帶臺灣。隔年大島正滿回臺後，詳細繪製了魚圖並描述型態特徵寄給老師，經確認為新種而在一九一九年十一月共同發表為「福爾摩沙鮭」。

溪中的鮭魚和鯝魚一直都是昔日泰雅族人採捕的食物，在泰雅語中兩種魚也分別有不同的專有名詞，生活在溫帶的鮭魚是怎麼出現在亞熱帶臺灣的呢？根據研究，大約兩萬年前冰河期，臺灣附近海域的溫度在冬季時低於攝氏十七度，讓鮭魚有機會從北方來到臺灣，甚至也有人推測當時可能在中北部河川都曾有鮭魚溯溪產卵，同時仍維持洄游習性。隨著氣候變暖冰河退去，海水溫度升高使得許多鮭魚無法再降海，轉而向海拔更高、溪水溫度較低的上游棲息，最終只存留在水溫長年低於十七度的大甲溪上游而成為「陸封型」鮭魚；櫻花鉤吻鮭是亞洲少數幾種陸封鮭魚分布最南端的種類，也因為此一特殊性而被稱為「國寶魚」。

日治時期一九三八年總督府出版了《臺灣高地產鱒》天然記念物調查報告專輯，一九四一年六月十四日正式指定為「天然記念

大甲溪上游櫻花鉤吻鮭保護區數量較多的鯝魚，也是臺灣中海拔溪流代表魚種，鄒族和泰雅族都稱這種魚是「真正的魚」。

冰河退去後，原本洄游在溪流和大海間的櫻花鉤吻鮭留在大甲溪上游演化成陸封型鮭魚，也是亞洲少數幾種陸封鮭魚分布最南端的種類。

物」，保護措施包括：禁止在特定支流捕魚、繁殖期全面禁止捕魚、禁止在保護區段河岸三百公尺範圍內伐木開墾或改變地形、禁止將其它鮭魚放入溪中。二戰後，人們進入山區主要是為了開採資源以回復民生和經濟，那個飯都吃不飽的年代也成了環境保護的空窗期，直到一九七七年臺灣省林務局才把櫻花鉤吻鮭棲息地劃為國有林自然保護區，不過這個保護區實際上有很大區塊是與退輔會的武陵農場重疊；一九八四年經濟部依照《文化資產保存法》指定櫻花鉤吻鮭為珍貴稀有動物，一九八九年公布《野生動物保育法》之後才由主管機關農委會列入「瀕臨絕種保育類野生動物」，但由於山區長期伐木及開墾造成的水土流失，加上農場使用的藥劑污染以及攔沙壩使魚群棲地碎塊化等因素，櫻花鉤吻鮭數量在一九八〇年之後已經銳減，一度下降到不足千尾而被國際自然保護聯盟列入「極危」等級。經過多年的人工繁殖復育野放，也陸續排除保護區內影響生存的障礙，目前野生櫻花鉤吻鮭已恢復至一萬兩千多尾。

即使不需要在高山溪流和大海間洄游，也生活在自然保護區範圍，櫻花鉤吻鮭的成長仍然不容易，此種鮭魚的壽命大約三年，成魚體長可達到三十公分左右，雄魚和雌魚成熟年齡視當時的環境條件而定通常都在一齡之後，也有更早在一齡之前就成熟的雄性個體，如果在有繁殖能力之前遇到颱風豪雨，體型較大的魚往往會遭到山洪衝擊帶往下游而數量銳減，只剩躲藏在石縫間的幼魚。此時人類為了防洪「治水」而興建的攔沙壩就成了鮭魚殺手，不但使得遭到颱風或洪水沖往下游的魚類無法再溯源回到適宜生活的地方，也因為壩體分割了河段而造成保護區內已經非常稀少的櫻花鉤吻鮭族群被隔離，長此以往將使得基因多樣性減低而弱化，人類能不能「退壩還河」就成了復育能否成功的重要關鍵之一。

經過水工模型實驗後，雪霸國家公園管理處從一九九八年開始了第一座攔沙壩改善工程，打開部份壩體，改造為魚類可以通行的激流瀑布廊道，經過監測後也發現櫻花鉤吻鮭的數量回復穩定，直到二〇一一年五月，保護區內的攔沙壩已全部改善。一九九九年

「九二一大地震」後，禁止全臺海拔一千五百公尺以上山坡地開發，原先出租做為農用的國有地在合約到期後也不再續租，改為人工造林，種植原生樹種或任其次生荒化，二〇〇六年十二月，雪霸國家公園也徵收了櫻花鉤吻鮭保護區內最後一筆私人土地，溪流兩旁總算有機會慢慢重回人類入侵以前的樣貌。不過保護區內的武陵農場仍有許多耕墾活動，雖然近年已逐漸轉型發展休閒遊憩，但每年大量的遊客仍難免為環境帶來一定衝擊。

有時我不免會想，幸好這些鮭魚的祖先已經演化成陸封型，如果牠們今天還要在高山溪流和海洋間洄游往來，先不說溫度的問題，能跨越石崗壩、馬鞍壩、天輪壩、谷關水庫、青山壩、德基水庫還有無數攔沙壩，這些一座比一座還要高大艱險的障礙，能忍受沿途高山果園沖流而下的農藥，平安抵達七家灣溪、有勝溪或祖先們曾經生活的南湖溪、合歡溪嗎？恐怕早就已經在臺灣這塊土地上消失了。即使如某些學者研究推論，櫻花鉤吻鮭有可能原來是從陸地東岸的太平洋沿著蘭陽溪洄游，經過多次河川襲奪才陸封於大甲溪上游，情況會不會更好一些？也許還沒有機會游到高山蔬菜專業區面對農藥、化肥污染的溪水挑戰，在高灘地西瓜園就全軍覆沒了吧。

大甲溪上游出租做為農用的國有地在合約到期後不再續租，逐漸減少了農藥、化肥的污染，把溪流還給自然。

沿著公路種綠金

武陵農場正是人類與自然相處的矛盾縮影，同一塊土地既是雪霸國家公園櫻花鉤吻鮭保護區，也是退輔會經營的農場和休閒遊憩區，尤其每年櫻花季或採果期湧入的遊客以及最近幾年不斷擴張的露營區更是經常帶來超量環境承載，在保護生態和發展經濟之間究竟該如何拿捏，的確需要更多智慧與協調。

一九五〇年代開始規畫拓寬並延伸日治時期未完成的中部橫貫公路時，除了國防及交通考量，也已經把發展沿線農林業、畜牧、礦業、水利等列入重要經濟項目，因此在一九六〇年完工通車後，臺中至花蓮主線（臺八線）、梨山至宜蘭（臺七甲）支線和大禹嶺至霧社（臺十四甲）支線陸續闢建了許多農場以「屯田制」的方式安置參與修路的退伍榮民，如：西寶、梅園、蓮池（三處後來合併為花蓮農場）、福壽山、武陵、見晴（後改名清境）等，臺灣山區大規模的農業墾拓也由此開始。受到這些農場的影響，鄰近許多原住民保留地也同樣開始大面積開墾種植高山水果、蔬菜如梨山、松茂、環山、南山、四季等地，另外沿線許多國有地也陸續出租闢建為大大小小的農場。

一時之間這幾條公路儼然成了「產金」公路，原本適合溫帶生長的蘋果、水蜜桃等經濟果樹開始在高冷的臺灣山區快速擴展種植面積，曾經一度達到兩千五百公頃，各種超限利用如陡坡濫墾、超取水源、農藥污染、土壤劣化……的問題也隨之出現。在根本難以行走的陡坡，農民架起了齒輪式單軌搬運車照樣能夠栽種及採收水果，這類搬運車最早在一九六五年就已經由日本人研發製造，用於陡坡種植的柑橘園，雖說標準測試及安裝是在零度到四十五度的地形使用，實際上有些軌道往往達到五、六十度，比遊樂園的設施還驚險，反過來說，原本五、六十度的山坡也難逃被現代機具開挖成果園的命運。

從武陵農場往南經過環山部落，不妨停車下來看看四周，還有哪一塊地沒有種上水果搖錢樹，這段路給我的感覺是，在這裡連種一棵沒有產值的觀賞植物都是奢侈而「浪費」的，舉目所及只剩下大甲溪右岸往志佳陽山方向還是一片森林，因為那是雪霸國家公園範圍。然而動物可不知道麼是「國家公園範圍」，不會乖乖只待在保護區內過日子，有位在附近承租農場耕種的朋友就長期經歷了「人猴大戰」之苦。

	1 2 3
	3

1. 櫻花鉤吻鮭主要棲息地七家灣溪，日治時期禁止在保護區段河岸三百公尺範圍內伐木開墾或改變地形，一九六三年退輔會安置榮民在此開闢了武陵農場，一九九二年設立雪霸國家公園。
2. 環山一帶整個山區種滿了果樹，這段路給我的感覺是連種一棵沒有「產值」的觀賞植物都是奢侈浪費的。
3. 清境農場在旅遊炒作下已成為支離破碎的土地。

靈長類的「戰爭」

朋友從父親那一代開始在臺中和平山區向國有財產局租了一片山谷地種植蔬菜水果，我在思源埡口記錄自然生態時偶爾會拜訪借宿他家，有一天傍晚他忽然說：「猴子老師，這一期高麗菜快要採收了，明天一大早你能不能幫我看看，有什麼辦法可以讓你們的猴群親戚不要天天來光顧我的菜園？」臺灣獼猴趕在他前面「搶收」蔬菜水果的問題已經困擾他許久了。

第二天清晨五點天濛濛亮，果然看到遠處山坡上來了一個家族大大小小二十幾隻獼猴，正熟練而「自然」的剝開已經結球的高麗菜，只吃最裡面的嫩芽，當然這樣一來整顆高麗菜也就毀了，一隻獼猴每天早上要吃掉好幾顆高麗菜芯。那時臺灣獼猴還是保育類動物，只能驅趕而不能做出任何驚擾傷害的行為。朋友嚇走了猴群，無奈而半開玩笑的說：「每天這樣人猴大戰，賣高麗菜的錢恐怕還不夠我買補藥。」

臺灣獼猴是機會主義者，高麗菜雖然不在牠們的自然飲食菜單裡，但眼前有這麼大片的食物怎麼可能放過，園裡的水蜜桃、蘋果、梨成熟時也一樣成了牠們理所當然的「美食區」，人類提供了一個食物密集像超市一樣的地方，來一趟就可以在最短時間裡讓全家都吃飽，何必辛苦的翻山越嶺到處覓食；有什麼辦法讓牠們不要來呢？還真的很難啊！

猴群並不是一年四季都會來「搶收」蔬果，通常是在冬季山區食物缺乏時才會比較密集的出現，顯然牠們也是心有忌憚，曾經和人類有過衝突而且受過教訓，但饑餓永遠是冒險最大的動機。說來讓猴群食物不足的主因，不正是人類大量砍伐生態豐富的原始山林地改為經濟造林或到處開闢農場而造成的嗎。我也實在無能為力，只好安慰他說：「是猴子跑到人類的農場，還是人類把高麗菜種在猴子家裡？這裡本來就是牠們吃飯、休息的地方，但是被我們搶走了。」朋友說：「我當然懂，但是猴子要吃飯，我也要吃飯啊！」在他的農場裡，我又一次看到了人類生活與自然衝突的縮影。

這位朋友也是荒野保護協會的會員，總是希望能用傷害最小的方式解決人猴衝突問題，起初他試了請退休的櫥窗模特兒戴著斗笠、穿上舊工作服來幫忙，這些「進化版稻草人」剛開始還有點效果，但很快就被臺灣島上唯一的野生靈長類識破了，牠們的生活智慧和學習能力完全不輸給島上另一種「家養」靈長類啊；後來他每隔幾天改變假人的位置和姿勢，有效期同樣非常短；再後來也試過在假人身旁開著收音機，還是騙不了機靈的猴子太久；前三回合人類慘敗！

假人戰術無效，只好花錢建置圍網，但如果只是圍網當然擋不住善於攀爬的獼猴，別的農友建議他在網上塗機械潤滑用牛油，猴子抓得滿手油就會停止攀爬回到地面清潔手掌，這招看來似乎奏效了，但不多久發現牠們還是進入了圍網內，簡直比攀爬牛油柱的搶孤選手還厲害，原來是牛油在日曬雨淋下會漸漸流失，不但防不了猴子，最糟的是還會污染土地；最後朋友只好使出撒手鐧，花費更多錢裝了對猴子有警告性而不至於造成傷害的電網。至此雖然告一段落，但是在這場人猴鬥智裡雙方都沒有佔到便宜，猴子的家園被強佔又無法再進入「生鮮超市」，在人類掠奪後僅剩的自然棲地裡生活更辛苦了；而人類除了耗費高成本在廣闊的山區農園架設電網，還要長期花錢維護，也算不上是贏家。

1	2

1. 搶在人類之前跑到農園「收成」高麗菜的臺灣獼猴。
2. 正在採食華山松嫩芽的臺灣獼猴，松子成熟時也是牠們喜愛的食物；保留足夠自然棲地和食物，才是減少人猴衝突的關鍵。

03 【第三樂章】

可以不要互相傷害嗎

網內網外，不要互打

電網，似乎成了人類和野生動物保持安全距離，彼此互不干擾的最後手段。不過，究竟是把動物關在電網外，還是把人關在電網內，雖然看來結果相同，但在心態上卻是完全不同的。

印度的第一個自然保護區「海利國家公園」成立於一九三六年英國治理時期，印度獨立後繼續保留了國家公園，並在一九五五年為了紀念協助推動此公園成立的傳奇人物愛德華．詹姆士．科貝特，而以他較為人知的名字重新命名為「吉姆科貝特國家公園」。科貝特曾經是一名為鄉里「除害」的獵人，追蹤並擊斃了多頭連續殺人的花豹和老虎，其中一隻雌虎曾經在尼泊爾和印度殺死四百三十六人，在獵捕過程中，他察覺到許多人獸衝突的問題，而轉型成為生態研究與環境保護者。

為何會有這麼多殺人甚至吃人的老虎呢？在吉姆．科貝特暢銷著作《庫馬翁的食人獸》當中提到了：「導致某些老虎攻擊人類的原因，很可能是因為牠們患有疾病或受傷，比如扎進體內的豪豬刺或是未痊癒的槍傷。」當時的人們為了嗜好狩獵或為了防禦而對這些動物開槍，卻也因此加劇了人獸衝突，受傷的老虎難以捕獵野生動物只好轉而攻擊行動能力比較弱的人類。一九一五年吉姆．科貝特在北安查爾邦買下一片土地，建立哈瓦尼村，帶領曾經遭受虎豹威脅的居民建造了長約七點二公里的石砌防禦圍牆。哈瓦尼村也被人們稱為「科貝特村」，如今百年石牆依舊發揮著保護功能，仍有約一百五十戶居民在當地生活。

並非所有農村都能像哈瓦尼村這麼幸運，在其它有老虎出沒的地方村民只能自救，我拜訪過幾個老虎保護區內的農村，每戶人家都編製了竹籬圍繞在屋舍和獸欄四周，雖然簡單倒也能發揮不錯的防禦阻絕功能，一些前來協助的非政府組織也建議村民養狗，藉由狗的領域性和敏銳感官，可在察覺異樣時警告人們注意。為什麼不遷村呢？印度的朋友告訴我，政府劃定保護區後只鼓勵而沒有強制農民遷離，願意搬家的可以在保護區外得到相同的農地，也有人換算成等值現金就此離農，但也有很多人從祖輩以來就接受了和老虎共存而選擇留下，另外老虎也是女神杜爾嘎的坐騎而被視為神，這是印度人的自然觀和傳統信仰。

印度有全世界數量最多的野生老虎，吉姆科貝特國家公園也以食人虎和花豹的故事而知名，老虎的匿蹤潛行捕獵技巧和瞬間爆發力都讓人敬畏，我在當地看過一段紀錄片拍到老虎奔跑後騰空而起，咬斷了三公尺高象背上騎乘者的手掌。做為印度歷史最悠久的自然保護區，對我們這些「入侵人類」管制有多嚴格呢，除了限定每日入園人數，更嚴格限定活動範圍與方式。

記得在第一天到達科貝特國家公園，坐著敞篷吉普車前往保護區內唯一的住宿酒店，快要抵達時車子竟然拋錨了！無論駕駛怎麼努力都無法重新發動，更糟的是那個彎道上正好也沒有手機訊號，同車的幾名友人心情從興奮轉而只能強作鎮靜，每個人都能聽見彼此的呼吸聲，這裡是曾經有吃人老虎的地方啊！眼看天色將暗，問了嚮導知道只剩幾百公尺路程，我們提議不如把行李丟在車上，帶著單腳架防身結伴一起快步走過去酒店吧。嚮導說絕對不能下車，只能等其他人發現了回頭來救援，待在車上相對是安全的，老虎對車子會保持一定的戒心。嚮導說的不無道理，我想起那句印度俗語：「當你第一次看見一隻老虎時，牠已經暗中看著你很多次了。」還好，半小時後終於有人發現我們幾個「失蹤」了，開著另一輛吉普車過來接駁。

我們入住的地方四周圍了雙層電網，每天只接待數十名遊客，所有人在電網範圍內才可以落地行走，無論嚮導、駕駛或遊客只要離開電網區一律待在車上。有一次出門尋虎，車子繞了半天並無所獲，我大概早餐喝多了咖啡，問嚮導能不能下去站在車後尿尿？他立刻回說不行，如果真的很急就只能站在車上向外尿。接著嚮導請駕駛提高車速，沿著小徑開了大約二十分鐘（為了避免增加對棲息地的干擾，除非緊急狀況絕對不准離開既有車道行駛）來到一處有電網圍籬的小休息區，這裡才有廁所也才能下車稍作休息。

某天中午回到住宿區，飯後我們在不遠處的大樹上見到一隻小型貓頭鷹，肉眼都能看見，但無論如何園方就是不准任何人走出電網圍籬去拍照。幾經交涉後工作人員找來已經休息的駕駛，讓我們搭了吉普車開出大門外幾十公尺，站在車上拍完照再回到圍籬內。當然所有嚴格規定表面看來是為了人的安全，但我更覺得是這裡的人們保留了敬畏與尊重自然的心，用電網和車限縮了人類的活動，該還給野生動物的一步也不能越界。

1 2 3	4 5 6

1. 印度塔多巴老虎保護區內的農村，每戶人家都編製了竹籬圍繞在屋舍和獸欄四周，雖然簡單倒也能發揮不錯的防禦功能。

2. 政府劃定保護區後只鼓勵而不強迫農民遷村，多數人從祖輩以來也接受了和老虎共存的生活。

3. 村民藉由狗的領域性和敏銳感官在察覺異樣時警告人們注意。

4. 老虎的匿蹤潛行捕獵技巧讓人敬畏，印度俗語說：當你第一次看見一隻老虎時，牠已經暗中看著你很多次了。

5. 老虎保護區內村民所供奉的杜爾嘎女神坐騎，希望能嚇阻對面山上的老虎避開村莊。

6. 我們這些「入侵者」進入老虎保護區後，只能在電網範圍內下車活動。

野生動物的逆襲

在非洲，住宿區連電網都沒有，至少我曾經住過的酒店都沒有，頂多就是用簡單的鐵絲網圍起「人類活動範圍」，提醒住客隨時提高警覺，其實這樣的設施完全沒有防範野生動物功能，牠們總是能在圍網兩邊自由來去，朋友說他在奈瓦夏湖畔的酒店還見過獅子拖著獵物到草坪上進食。

奈瓦夏湖是肯亞非常著名的生態旅遊地，也是電影《遠離非洲》主要拍攝地點之一。白天時，人們來到這裡乘船遊湖，觀賞成千上萬的鸕鶿、鵜鶘、灰頭鷗等水鳥，看非洲海鵰掠過水面捕魚，大翡翠在空中定點懸停尋找獵物，以及群聚在湖中泡水消暑也減輕自己體重負擔的河馬，傍晚之前就住進沿湖許多以自然生態為賣點的渡假酒店。我住過其中幾家，這些酒店的生態好到幾乎有點不真實，有時隔著窗戶就能看見二、三十隻水羚在庭院裡吃草，或是走出房門就在木屋旁「撞見」一群斑馬，大大小小的綠猴在大樹枝椏間攀爬跳躍，成群縞獴憑著嗅覺快速刨挖地下的白蟻穴，有時還能遇見長頸鹿在你附近悠閒的啃著金合歡。

至於為什麼要在傍晚之前入住，也正是因為這裡的生態實在太好，在湖畔出沒的動物有時比人類還多，當然也包括領域性和攻擊性很強的河馬。每家酒店都訂有旅客活動規範，內容大概就是不可離開酒店警戒線範圍，傍晚天暗後至清晨天亮前禁止在戶外活動，晚餐時往來住房、餐廳之間必須電話聯繫請持棍警衛接送等等，二〇一八年後甚至每家湖畔酒店都嚴格要求旅客辦理入住時必須簽下一張「我已確實瞭解規定，如有違反後果自負」內容密密麻麻的切結書，主要是因為當年八月有兩名臺灣遊客就在奈瓦夏湖畔某間酒店遭到河馬攻擊，一死一傷，而且事情發生在白天。

奈瓦夏湖畔酒店，窗外有水羚吃草，走出房門就在木屋旁「撞見」一群野生斑馬，其實一點也不奇怪，因為這裡本來就是牠們的家。電影《遠離非洲》拍攝時從馬賽馬拉引入了許多動物到湖中的克里申特島，之後便一直留在該處收費供人登島參觀，我對那些人為營造的「野生」動物園不感興趣，到奈瓦夏只乘船看河馬和各種水鳥。

某次我入住當地湖畔酒店後，晚上八點多，正在小屋內整理白天拍攝的照片，忽然聽到窗外傳來奇怪的聲響，轉頭看去就在不到十公尺處，一隻巨大的河馬正在庭園裡吃草，它張開大口切咬草地的聲音就像閱兵時一排軍隊整齊踏步。我屏息躲在房門口，拿著單眼相機和大光圈長鏡頭，設定超高感光度利用酒店庭院照明的微光拍了一些照片，快門速度只有二十分之一秒；寧可拍不成，也絕對不能使用閃光燈或手電筒啊！河馬雖然是草食動物，但如果感受到干擾威脅很可能會暴烈的防禦攻擊，四、五十公分長的尖牙輕易就能把人咬穿，尤其如果遇到帶著幼崽的母河馬更危險，無論在船上或岸上都要小心保持安全距離。

不久那隻河馬往湖的方向離開了。我的床非常靠近落地玻璃窗，即使知道有河馬，因為並沒有去招惹它們，還是能夠安心入睡。半夜三點，又被熟悉的「整齊踏步」聲吵醒，這回來了更多隻，還有小河馬跟著媽媽。白天太熱，河馬都在湖中泡水，夜裡才成群上岸吃草，其中有一隻還吃到了隔壁小屋的房門外。或許有人會問，酒店為什麼不用割草機把草地切短，讓河馬到其它地方去吃草呢？這一點如果沒有親眼見過還真的難以相信，這些河馬張開大嘴啃的就是割草機剪過的短草。

在印度老虎保護區，我住過的酒店有些圍著電網，也有些只是簡單的圍籬，把人關在小範圍裡，電網或圍籬以外的大自然是屬於動物的，晚上睡覺有時還會聽見熊、花豹在附近活動的聲音；在奈瓦夏湖住過的幾個酒店，空間更開放，而且連電網都沒裝，所有地方都是屬於野生動物的。的確如此，到底是河馬跑進人類的酒店吃草，還是我們把酒店蓋到了河馬家裡呢？如果你是河馬，有人跑來家裡亂逛，有人威脅到孩子的安全，你不生氣嗎？

然而理想終歸是理想，儘管河馬有先佔權也可以在湖區自由活動，當理想與現實出現衝突時，人類還是「判決」了牠無權防衛殺人，咬死臺灣遊客的河馬在隔天被肯亞野生動物管理員尋獲並且射殺。

是河馬跑到人類的酒店吃草，還是我們把酒店蓋到了河馬家裡？

成年河馬的下門齒長達四、五十公分，連鱷魚、獅子都不敢招惹牠們。

誰殺死了鱷魚先生

上自然觀察或生態攝影課時，我常會提到「保持安全距離」的重要性：拍鳥，保持牠們的安全距離；拍老虎，注意自己的安全距離；只有在人和動物都感覺安全的情況下，才可能觀察到比較自然的生態行為。

某一年我去婆羅洲的踏賓自然保護區，也好不容易申請到其中一晚可以夜宿當地泥火山的科研觀察塔，在傍晚和清晨時居高臨下觀察野生動物，那座鋼骨結構塔高五層，除了地板、樓梯、欄干和屋頂之外沒有任何設施，只能帶著簡單的晚餐，在第三或四層欄干上綁好自己帶去的吊床睡覺，嚮導還要揹著公用行動馬桶放在二層，所有東西包括排遺或沒吃完的食物在第二天上午離開時都不留在現場。泥火山一帶常有侏儒象、野豬、水鹿等動物前來取食含有鹽分的泥漿以補充草食裡不足的鈉，而我的夢幻目標則是當時估計僅存不到十隻已瀕臨滅絕的婆羅洲犀牛。

沒想到第一天剛抵達保護區辦理入住時就被工作人員嚴格要求：不可以擅自離開住宿區範圍，禁止在沒有嚮導帶領下進入森林步道，甚至夜間也不准在住宿區附近自然觀察。多年來我從沒有遇到過這麼嚴格的限制，尤其比白天還熱鬧的雨林夜晚正是吸引我不斷造訪婆羅洲的原因，千山萬水趕來又付了這麼高的費用結果不能夜觀，心裡不免有些懊惱。婆羅洲雨林裡並沒有老虎、花豹等大型掠食動物，雖然河邊也還是有巨大的網紋蟒和食人灣鱷靜靜潛伏在黑暗中等著獵殺前來喝水的小動物，但只要遠離河岸的森林地帶相對還是安全的。

1
2

1. 臺灣獼猴，高高豎起尾部「權杖」的猴王，警戒守護著牠的家族。
2. 乘船在京那巴當岸河夜觀，常有機會遇到像這樣四、五公尺以上比大腿還粗的網紋蟒，靜靜伏在岸邊等待前來喝水的獵物，我僱請的船夫是從小在當地長大的「河人」原住民，比我更清楚應該和牠們保持多遠的距離。

終於到了要夜宿觀察塔的下午，我們和一對英國老夫妻加上嚮導五個人帶著所有裝備離開道路徒步穿越森林，穿著長筒雨鞋在泥濘中一步一步艱難的拔著腿前進，沿途的植物、真菌讓我總是忍不住停下來拍照，嚮導也一再停下來叮嚀我大家務必要走在一起。後來問了他才知道為什麼最近保護區的規定變得這麼嚴格，原來是前不久有一位二十多歲的澳洲籍女獸醫就在這裡發生了意外，某天早晨她和友人及嚮導離開夜宿的泥火山觀察塔回程，穿越樹林時遇到了一隻侏儒象，幾個人停下來拍照，嚮導說她想要和那頭野象同框合照，靠得太近了，大象忽然發怒展開攻擊，在嚮導和友人都來不及做出任何反應的情況下瘋狂踩踏並當場用長牙刺死了女獸醫。你永遠不知道在雨林裡何時會遇到野生動物，我從徒步前往觀察塔直到離開都沒有看見侏儒象，當然也沒有抽中犀牛大獎，不過在走出森林途中見到了一排剛從爛泥上經過的野象腳印。

動物的攻擊行為，通常是為了獵食或感覺受到威脅而防禦，尤其是護幼的雌性動物防衛性更強，而且很多動物心裡的安全「界限」未必是看距離遠近。有一次我和幾位朋友在新中橫石山休息區遇到一群常在那裡活動的臺灣獼猴正在覓食，我們很識相的拿著長焦距鏡頭保持一定距離拍照，忽然豎著尾巴的猴王警告性的露出尖牙利齒向我暴衝過來，我連忙退開才平息了牠的怒火，後來我繞了大圈從另一個角度保持更遠的距離繼續觀察拍攝，沒想到猴王還是連續幾次發怒的衝過來警告我，而我的同伴們和猴群的距離都比我要近得多，他們開玩笑說：「會不會是因為你的長相？」我也開玩笑回說：「很有可能，也許猴王覺得我想搶奪牠的妻妾，或是挑戰牠的地位」。

我無法猜測侏儒象攻擊那位女子的原因為何，但悲劇畢竟發生了。與野生動物親近，的確是讓很多人想要感覺「回到自然」的夢想，但野生動物終究難測，不是人類憑著有限的知識可以完全瞭解的。無論如何「注意安全」永遠是野外活動最重要的守則，然而在影像重於文字的時代，人們要求的視覺刺激也愈來愈強，很多人往往為了得到「精彩」照片讓自己陷於危險而不自知。動物頻道的名

非洲草原象，肯亞安博塞利國家公園。自然觀察或野外攝影時千萬不要輕忽野生動物的領域性，尤其是雌性護幼的本能。

主持人鱷魚先生，經常為了拍攝重口味商業生態影片必須與野生動物近身搏命演出，終於某次正在拍攝《致命的海洋動物》時竟然就真的用生命印證了片名，為了近距離講解魟魚，不幸遭到牠有毒的尾部刺中心臟而殞命。誰殺死了鱷魚先生，是出於防衛本能的魟魚，是他自己的輕忽大意，是要求賣點的商業影片，還是已經不能滿足於「普通」紀錄片的觀眾呢？

象足餘生記

多年來我對大自然和野生動物始終保持著尊敬與感謝，然而即使再小心謹慎，意外還是發生了，這回是我自己差點就被野象踩死。有一次我到斯里蘭卡探訪記錄自然生態，在亞拉自然保護區住的酒店前面有座泳池，再往前走二、三十公尺是個大湖，彩鸛、斑嘴鵜鶘、小白鷺、黑翅長腳鷸、小鳳頭燕鷗、黑腹蛇鵜……各種鳥兒在湖面悠游來去，湖中小島的樹叢上有不少白琵鷺正在築巢繁殖，對岸常有花鹿群、野豬家族出沒喝水、覓食，野化的水牛在湖畔樹蔭下休息反芻，一切顯得如此和諧而悠閒，常吸引了許多住店旅客在此散步，欣賞自然美景。

有一天早上我正在湖畔觀察拍攝育雛的白琵鷺，忽然聽到身旁有奇怪的聲音，轉頭發現整個湖岸當時除了我竟然沒有別人，一隻大象就站在我後方三、四公尺處，四目交會的瞬間它搖動鼻子又噴了一口氣，我本能丟下相機和腳架立刻往距離最近的幾棵獨立樹跑去，那隻象竟然追了過來，幸好由於樹幹的遮掩干擾讓它失去目標停下了腳步，雙方就這樣隔著幾棵枝幹蟠曲的樹僵持不動，我躲在樹後偷偷觀察，才看清是一隻被趕離母群的亞成公象，可能是我剛才擋住了牠的路，也可能是體內開始大量分泌的雄性激素讓這個血氣方剛的青少年變得容易發怒吧。大象的視力不太好，我的自然知識和本能反應總算化解了這場危機，看牠站在那裡不動，我的膽子也大了起來，悄悄掏出手機在大樹遮掩下拍了幾張照片。

可能是我反復伸手拍照和查看影像的動作讓牠感覺到了光影變化，也可能是氣味和聲響暴露了我的位置，小公象忽然又開始追過來，我立刻拔腿往酒店方向逃命！就在轉身的一瞬間竟然被樹根絆倒了重摔在地上，本能驅使我在生死關頭無論如何一定要撐起身體快逃，但右腳脛骨好痛！慌亂間瞥見公象巨大的身影快速接近，只覺腦袋一片空白，根本不曉得自己到底有沒有爬起來，就在此時忽然感覺有兩名天使伸手抓住了我快速拖行……從鬼門關前撿回一命，

人類在大自然面前何其脆弱與渺小，感謝這隻斯里蘭卡野象又一次提醒了我。

這才回過神來，發現是兩名酒店工作人員而不是天使來接我，其中一人扶著我，另一人手中拿著長棍正在戳刺驅趕逐漸遠離的野象，幸好剛才在泳池戲水的遊客發現我被困在小樹叢後緊急通報了酒店人員。

在野外跑了三十幾年，難免也會遇到一些大大小小的狀況，但這是第一次真正感覺到與死神擦身而過！事後在演講或課堂聊起這段經歷，儘管已經像個說書人一樣彷彿講著別人的故事，但我仍然會嚴肅的問：「如果當時我被那隻小公象踩扁了，你們覺得我會不會恨牠呢？」同學們總是捉狹的回答「如果被踩扁」當然就已經不會恨了。的確在生理學上已經不會了，即使如此，我想我的心裡仍然是不會恨牠的，小公象只是在基因和雄性激素驅使下做出了牠該有的行為，而我在亞拉不過是個鹵莽的闖入者。

感謝大自然又一次用這麼強烈的經驗提醒著我：究竟是野生動物跑到了人類生活範圍，還是人類把家蓋到了野生動物原本居住的地方。

1	2 3
	4 4

1. 斯里蘭卡公象僅百分之七有明顯突出的象牙，即使有通常也很短，研究認為和英國殖民時期的「戰利品狩獵」不無關係，有長牙的象幾乎都被獵殺而未能留下基因後代，海島生態的脆弱性可見一斑。

2. 白琵鷺親鳥反吐半消化的食物餵食幼鳥，這些白琵鷺繁殖育雛畫面差點成了相機裡最後的照片。

3. 蒼鷺、斑嘴鵜鶘、彩鸛、水牛……在湖畔悠游來去。

4. 亞拉自然保護區，湖邊活動的花鹿和野豬家族。

農民和野象都在保護「自己的」食物

在印度鄉間，常可見到農田裡搭建著一座一座簡易的高架棚子，當地朋友告訴我那是農民守夜的工寮，由於農作物經常被野豬等動物偷吃而損失慘重，使得他們原本就難以為繼的生活更加困頓。為了驅趕野豬，多數農民只好在工寮裡徹夜守護將要收成的作物，這樣的方式不但非常辛苦，也因為擔心有老虎而不敢走下工寮，能嚇阻的範圍和效果非常有限。以致有少數無奈的印度農民只好使用各種極端的方法自救，比如把甩炮類遇到壓力就會自炸的鞭炮塞入挖空的水果放在田裡誘引野豬咬食，爆炸的威力足以讓牠們驚嚇也吃足苦頭而不敢再來偷吃農作物。

不料在二〇二〇年五月，有一隻懷孕的雌象誤食了鳳梨「陷阱炸彈」，這頭象是用鼻子捲起整顆鳳梨放進嘴裡嚼食，因而在體內發生爆炸導致了嚴重的內傷，在村莊裡一陣狂奔後，或許是為了減輕痛苦而跑到附近河中浸泡，野生動物救助人員擔心使用麻醉槍可能使牠癱軟在水中導致溺斃，試圖用兩隻圈養工作象拖救但未能成功，四天後受傷的母象死在河中。

這件事情引發了全世界媒體關注，也很快在網路上傳開，多數焦點都是悼念枉死的野象和腹中胎兒以及強烈譴責製造水果炸彈的狠心農民，卻很少有人探討整件事情背後的癥結。印度的民族性和宗教信仰對待動物其實非常友善，雖然印度教並無素食的嚴格規定，但絕大多數印度人喜歡素食，三餐只以麵餅、豆類、蔬食和牛奶為主；我們在老虎保護區用餐時，常會分享早餐盒裡的水果給來自附近農村的吉普車駕駛，他們總是欣然接受，至於其它食物不要說是有雞肉的三明治，他們甚至連水煮雞蛋都不吃。如果不是迫於經濟壓力實在無計可施又得不到政府或其它單位的協助，我相信本性善良的農民也不會製造出那些驅趕野生動物的水果炸彈，無處覓食的野象當然可憐，無以維生的農民也同樣可憐。

印度的農地有一點四三億公頃，約佔國土總面積百分之四十六，勞動人口當中有一半從事農業，輸出農產品總值排名世界第三；而印度在野生動物保護上的成就也是有目共睹的，全世界的野生老虎超過三分之二在印度，五萬頭亞洲象當中也有兩萬七千頭生活在印度；然而有限的自然保護區並不足以提供野生動物棲息，大部分動物都是生活在保護區外，這也使得人與野生動物無可避免的經常出現衝突，除了造成農損或其它破壞，也往往導致禽畜或人類傷亡。在衝突事件中，農民驅趕甚至攻擊大象只是為了保護自己的食物，而大象驅趕或攻擊農民多半也是為了保護「自己的」食物。

人類為了糧食需求和經濟發展不斷開墾農田、開採物資，侵佔了愈來愈多生物棲地。二〇二〇年三月，一個家族十六頭野象離開西雙版納一路向北遷移，歷時一年多到達了五百公里外的昆明，在媒體直播下全世界的人們都在看象群穿過公路、頂壞農舍尋找食物、在森林空地上睡覺，途中還有兩頭母象生下了寶寶，也不幸在普洱造成一人死亡，沿途約有十五萬人暫時離家避難……這群大象成了網紅，大家似乎也只把牠們當成「動物奇觀」欣賞，幸而整件事情在二〇二一年八月象群返回西雙版納自然保護區後暫時劃下了句點。遷徙是大象的生態行為之一，但在雲南還是數十年來第一次記錄到，有人認為是尋找食物，有人認為是領頭母象經驗不足，也有人推測是地磁爆干擾所致……各種假設仍待證實。巧合的是二〇二一年十月「聯合國生物多樣性大會」召開地點就在昆明，因此還有人說這群野象是來「投訴」棲地遭到破壞的，儘管這樣的說法並不科學，不過大會召開當天，還真的剪輯精選了這個舉世矚目的象群遷移紀錄片做為開場，讓野象「代表」的聲音傳送到了全世界。

由於普洱茶和小粒咖啡（阿拉比卡）受到市場歡迎，加上汽車輪胎和工業材料對橡膠的需求，雲南西雙版納等地不斷砍伐森林擴大種植咖啡、茶和橡膠樹，導致野象食物來源減少、碎塊化的棲地與農田交錯，人象爭地的衝突情況也愈趨升高，不但常有象群跑到田裡吃玉米、稻穀甚至還會直接到農家找已經收成的糧食，一隻成年亞洲象每天大約要吃三百公斤的食物，被象群侵擾的農村往往損失慘重，在牠們經過的路上也常常踏毀茶園、芭蕉園或其它作物。由於這些亞洲象是大陸一級保護動物，因此目前人類也只能採消極的退讓手段，農民儘量把收成作物搬到屋頂等高處存放，當野象靠近村莊或城鎮時保護單位會以無人機監控並即時通報，請大家撤離至安全地點，至於損失就由二〇一四年開始在雲南實施的「野生動物肇事公眾責任保險」給予補償。

1	2	3 4

1. 在印度郊區農田看稻米收成，忽然在不遠處冒出一隻野生的藍牛羚，牠們經常會跑到田間覓食，這裡的農民也習以為常。
2. 莊稼成熟時，印度農民就睡在這樣的棚子裡守夜，驅趕前來「收成」的野豬等動物，用木棍支撐架高是為了讓老虎不易攀爬；千萬別被老虎不會爬樹、游泳的說法騙了，我在印度親眼見過老虎爬樹；農民其實不討厭老虎，因為牠們會捕捉並嚇跑野豬。
3. 西雙版納許多山坡地都已經改種橡膠樹，野生動物的棲地愈來愈少。
4. 從空中俯瞰雲南大地，景觀就和每一處「宜人」居住的地方、每一片經濟開發的土地一樣；方格裡一條一條排列整齊的是農業種植溫室大棚，昆蟲和野生動物在這裡嚐不到任何一點甜頭也找不到半口食物。

斷掌黑熊的悲歌

不要以為這類人獸衝突只發生在國外，臺灣雖然沒有虎、豹、獅、象等野生動物，但每年還是有許多臺灣獼猴或野豬「幫忙」農民收成作物，恆春半島的梅花鹿野放復育有成後也經常啃食農民種植的牧草或在磨角期頂壞漁網等設備，造成當地居民的財產損失，關於梅花鹿的滅絕與復育留待下一個章節再詳細介紹；在高雄柴山或新中橫公路等地方，也常有臺灣獼猴搶奪遊客食物或攻擊致傷的事件；然而人獸衝突當中更多的則是野生動物被人類所傷害。

黑熊媽媽黃美秀在《黑熊手記》一書裡提到，一九九八年她進行臺灣第一次黑熊調查研究所誘捕記錄的第一頭黑熊就是斷掌的：「嚇我一跳的是，牠的左前腳沒有任何腳趾，腳掌整個不見了，只剩下截肢後的癒合痕跡。牠的右後腳的第五趾，特別短小，腳爪也不見了。大哥隨即脫口而出，這隻熊以前曾被獵人的陷阱捉過，而且可能不只一次。我在美國進行黑熊捕捉繫放時，從未見過動物斷肢或斷趾的情形。後來我問曾捉過超過五、六百頭美洲黑熊的指導教授，他也搖頭。」那一次臺灣黑熊調查，捕獲的十五隻個體有八隻是斷掌。

二〇二〇年十月一日中秋節，黃美秀和林務局人員接獲通報在臺中和平山區果園有黑熊遭到俗稱「山豬吊」的鋼索陷阱套住，救助人員抵達時見到牠因為無法脫困而掙扎得鮮血淋漓，甚至想咬斷自己的左前掌。經過比對，那是她曾經研究繫放編號七一一的黑熊，從左右兩前掌分別有癒合斷趾看來，這隻大公熊恐怕已經是第三次中陷阱。後來送到了特有生物中心的黑熊救傷站醫治，為了避免傷口癒合不佳，醫療小組最終還是決定截掉了受傷外露的趾骨。經過兩個月治療，七一一黑熊被野放到深山裡遠離人煙的自然保護區，並安裝了電子監控，不料半個月後牠又和另一隻黑熊一起到了人類聚落，雖然被及時趕來的林管處人員施放震撼彈趕往山裡，但接下來一個月當中不斷有農民的電鍋、冰箱被打開翻找食物，雞舍圍網遭到破壞後吃了雞蛋和飼料、小雞也失蹤，種種跡象顯示黑熊並沒有遠離，果然在一月底七一一黑熊第四次又中了陷阱！

黑熊跑到人類聚落，除了可能因為自然食物缺乏外，更多時候是因為聚落裡容易取得食物，除了雞舍、廚房，連放置屋外的廚餘都是牠們的大餐，也因此常常中了農民防山豬的陷阱。三次誤中陷阱後，七一一黑熊的十根前趾已經斷了六根，黑熊的腳掌殘缺不只是影響走路，玉山國家公園的臺灣黑熊每年十一月之後常在大分地區密集活動，主要是因為冬天的山區食物來源減少，而大分地區密生的青剛櫟正好在此時結果；如果是指掌嚴重殘缺的黑熊將很難爬到樹上摘取青剛櫟果實，而可能在冬天時面臨食物短缺問題，這也迫使牠們更容易往人類聚落尋找能夠到手的食物，導致惡性循環。

中陷阱斷掌的黑熊除了有化膿生蛆、細菌感染甚至死亡的風險，以及增加覓食困難外，還可能導致交配失敗，七一一是公熊，不容易用斷掉的前掌抓緊母熊，許多母熊也因為斷肢無法久站而難以順

臺灣黑熊的數量估計僅存五、六百隻。

利交配。早期造成野生動物受傷最多的陷阱獵具是捕獸鋏，從民間俗稱「鐵虎」可知捕獸鋏的傷害力，在動保團體奔走請願和輿論壓力下，政府終於在二〇一一年六月修訂了《動物保護法》第十四之二條：非經中央主管機關許可，任何人不得製造、販賣、陳列或輸出入獸鋏。

不過動保團體估計，實際上仍隱藏在山間違法繼續使用的獸鋏恐怕仍有上百萬個。在禁用獸鋏後，另外一種俗稱「山豬吊」的套索陷阱數量反而變得更多，威力也同樣驚人，昔日山區獵人是採集強韌的植物纖維如苧麻、黃藤、月桃等製成套索，後來普遍都改用鋼索，很多地方都能買到現成的鋼索「山豬吊」，七一一黑熊中的就是這種陷阱，根本不可能咬斷脫困。雖然政府已經依據《動物保護法》第十四之一條第七項公告，自二〇二〇年三月一日起禁止使用含有金屬材質的套索陷阱。但即使可以禁售山豬吊成品，實際上管不了五金行合法販賣工程或掛畫用的鋼索，也很難在廣闊山區取締用這些鋼索自製的違法吊子。

傷害黑熊絕非農民設置鋼索陷阱的本意，但這類陷阱獵具往往對野生動物物是無差別攻擊，就如鳳梨炸彈意外造成了野象死亡。衡諸今日臺灣在山區的開發已難全面退讓給野生動物，或許政府除了加強取締金屬套索並提高罰則，更應該協助農民避免災損，在野生動物經常造成損失的地方補助設置警告性電網等合宜的設施，或是全面檢討建立「野生動物致損傷保險」等機制給予適度的補償；說來也讓人不禁感嘆，臺灣目前唯一通過由政府編列預算實行農損補償的只有《墾丁國家公園梅花鹿致農業損失補助作業要點》，而野外滅絕後重新復育的梅花鹿在農委會認定中，目前還是「家畜」而非野生動物。

1
2 3 4

1. 防鳥也可以不傷鳥，香港米埔濕地養殖烏頭的魚塘上方設置了交錯的尼龍線，鷗鷺飛下來時會遭到阻擋而驚嚇離開，但不至於糾纏或受傷。

2. 隱藏在山間繼續違法使用的獸鋏恐怕仍有上百萬個，鋼索山豬吊則更多。

3. 獸鋏和山豬吊不但造成許多野生動物傷亡，也是許多家犬和流浪狗斷腿的主因之一，這條狗的兩隻前腳都曾經中過陷阱。

4. 二〇一一年禁用獸鋏之前，臺灣有些養殖戶會在魚塭四周放置以鐵鍊固定的獸鋏防止鷺科等鳥類捕食魚蝦，不幸踩踏中鋏的鳥往往痛苦掙扎死在滿池的食物面前，少數「幸運」活下來的就像這隻黑翅長腳鷸只能帶著斷腿過完餘生，牠每拍翅向前跳動一步就會把獵物嚇跑，覓食非常困難。

嘎拉嘎澇，南路鷹一萬死九千

全球有九條重要的候鳥遷徙路線，臺灣位於「東亞・澳洲候鳥遷徙路線」的中途點，這條路線北至阿拉斯加、西伯利亞，南至澳洲、紐西蘭，許多鳥類受到氣候、溫度、食物影響或為了更好的繁殖環境而在春秋兩季飛行數千公里南北遷居，其中有些如鸕鶿從俄羅斯到澳洲的旅程甚至超過一萬公里。雖然遷徙讓鳥類可以生活在更理想的環境，但也充滿了非常高的風險，包括長距離飛行的體力挑戰、不可測的天氣變化，以及人類行為帶來的間接或直接傷害等。

每年秋季九月至十一月間，在東北亞繁殖的灰面鵟鷹、赤腹鷹會沿著中國大陸近岸、朝鮮半島、日本、臺灣、菲律賓等陸地沿途休息，耗費二、三十天抵達東南亞或遠至新幾內亞過冬，隔年春季再北返。其中一支過境臺灣的路線在島上陸續匯流後多數會集中在陸地最南端恆春半島休息，再群集飛越巴士海峽往南，根據墾丁國家公園和臺灣猛禽研究會持續超過三十年的調查統計，每年平均有四萬五千隻灰面鵟鷹過境，最高紀錄是二〇二一年超過十一萬七千九百隻；赤腹鷹除了少數幾年也都在十一萬隻以上，最高紀錄是二〇二〇年二十七萬隻；另外還有同時遷移但數量較少的東方蜂鷹、燕隼、鶚（魚鷹）、白腹海鵰、日本松雀鷹等二十多種過境猛禽，以及蛇鵰、鳳頭蒼鷹等八種留鳥，這項自然奇觀也吸引了許多自然愛好者像候鳥一樣群集在此。

體力和天氣是所有候鳥遷徙途中最大的「天擇」自然挑戰，但沿途的人為干擾物、停棲地破壞和捕獵卻是非自然而更危險的鬼門關，從前在恆春半島和八卦山等地這些過境猛禽常遭到人類獵殺食用，也有不少被剝製成標本賣到國外，因而民間流傳了一句「南路鷹，一萬死九千」的俗語。大約二十年前我到恆春半島試圖瞭解捕獵鳥類的情形，當時的確相當令人憂心，在小麵館裡吃飯都能問到灰面鵟鷹的「行情」，只要用暗語偷偷問「咁有直升機」或是「幻象一隻偌濟」？老闆就會伸出食指悄悄比個手勢小聲告訴你：

一千。當然我事先做了功課，這些代語是當地排灣族友人告訴我的，不知道現在有沒有更新的名詞。

友人說從前嘎拉嘎澇（鷹）真的很多，有時落在自家樹上或圍牆上休息，晚上拿竹竿就能打下來，在那個經濟窮困、物資匱乏的年代，每年秋天飛來的紅尾伯勞和老鷹就是當地人重要的蛋白質來源。一九八二年墾丁國家公園成立後開始強力取締，大家慢慢就不敢放「鳥踏」抓伯勞也不敢打鷹仔了，一九八九年《野生動物保育法》公布後，保育對象更擴及一般類野生動物，範圍也不再限於國家公園。但隨之也開始出現了職業獵人，恆春、滿州當地人都知道誰是職業獵人，也知道打哪個電話號碼立刻就有「直升機」或「幻象」宅配到家，我相信警察應該也同樣很清楚，只是很難查獲這些在村巷家戶裡暗中進行的交易。

每天傍晚來自各地的自然愛好者會聚在滿州鄉里德橋一帶，觀賞鷹群在空中盤旋尋找夜棲地點的壯觀景象，職業獵人也同樣在人群裡看牠們落在哪個山頭，如果落鷹點太難到達，也早就有同夥等在山區放炮驅趕到近山。穿便衣的警察也在人群裡看落鷹點，晚上制服員警就會在通往鷹群夜棲的山區道路攔檢，我曾被攔車打開後廂檢查過，說來警方也並非不努力，甚至還調派沒有人情壓力的外地警察支援，但最難的是如果沒有人贓俱獲也無法定罪。夜棲在樹上的鷹只要被盜獵者手中的強光燈照射就會呆住等於宣判了死刑，多數盜獵者使用的是空氣槍有聲音，警方會循聲追查，有些人還因此改用無聲的十字弓加紅外線瞄準器，警方執勤不但更難抓也更危險。

朋友告訴我，兩人一組的職業獵人每個鷹季約可收入七、八十萬元，難怪在工作不易的恆春半島這個超高所得讓不少人鋌而走險，我按訪查所得每隻「熟人價」約四百元換算，每組獵人打到將近兩千隻鷹，而友人說當地至少有七組職業獵人，還不包括外地來的；現代職業狩獵和商業販賣行為早已不同於物質貧困年代為了生活所

需的有限採捕，精準獵具對動物種群所造成的傷害也更大。為了逃避目視取締，獵人會把鷹腳和喙或頭先剁掉，羽毛也除掉，裝塑膠袋放在冰櫃裡，有認識的鄉親或店家打電話才約定交貨。不知道現在林務局有沒有找學界合作開發類似取締鯨豚肉可以快速鑑定的核酸試紙，嘉義大學楊瑋誠老師研發的試紙讓查緝人員當場就能確認可疑肉塊，鯨豚肉會在試紙上呈兩條線，其它肉類一條線，臺灣西部濱海漁村賣「炸海豬肉嗲」的小店在這項鑑識利器出現後少了很多。

經過多年嚴查重罰的治標，和環保團體配合當地中小學長期自然教育的治本下，這類獵殺販售情形的確慢慢有了改善，沒想到三十多年後赤腹鷹和灰面鵟鷹依然未能得到「國慶貴賓」禮遇安全過境臺灣，二〇二〇年十月秋南下過境期，友人阿德在滿州山區遇見一隻受傷的灰面鵟鷹，送到墾管處經常委託救傷的動物醫院，獸醫師專業檢視後判斷是槍傷。

其實長途遷徙的猛禽消耗了大量的脂肪和蛋白質，根本沒有太多肉，現代人也早已不缺各種肉類蛋白質來源，不過有些當地人和外來饕客還是喜歡用老薑爆麻油快炒鷹仔肉，視為秋涼時節的滋補品，只要這個「野味更補」的觀念和獵奇嚐鮮的心態不改，有買賣就會繼續有傷害。看來林務局、屏東縣政府、墾丁國家公園管理處、保七總隊以及自然教育組織都還要加把勁，繼續努力啊！

1 2

3

4 5

1. 赤腹鷹。**2.** 灰面鵟鷹。每年九月、十月間過境臺灣的赤腹鷹和灰面鵟鷹被稱為「國慶鳥」，卻未能得到貴賓級的禮遇。

3. 黃昏時從北方陸續來到的猛禽群集在滿州鄉里德山區盤旋，尋找適合夜棲的地點，在下降時常會形成壯觀的「鷹柱」，每年秋季過境期也吸引了來自各地的賞鳥者像候鳥一樣群集在此觀賞這個世界級的自然奇觀。

4. 早年開車進入恆春半島，從枋山、楓港一路往南都是烤鳥攤，居民利用紅尾伯勞喜歡停棲獨立高枝的習性在空曠田野設置竹竿套所陷阱「鳥踏」捕捉燒烤賣給遊客，墾丁國家公園和保七總隊嚴格取締後，才讓紅尾伯勞得以順利過境臺灣繼續往南；但烤鳥攤並未從此消失，現在賣的是養殖鵪鶉。

5. 從俄羅斯到澳洲飛行萬里遷徙的飄鷸，過境臺灣休息補給，拍攝於淡水河口挖子尾。

失控走調的「生態」攝影

數位器材普及後，攝影變得容易許多，也帶起了盛極一時的自然攝影風氣，加上各種網路社群平臺興起，在影像泛濫的年代，一張表象平常而內容深刻的照片似乎已經很難引起大家興趣了，於是更多人轉而追求誇張的視覺，或充滿瞬間張力的影像。這原也無可厚非，然而卻有太多攝影者不願花時間上山下海、耐心等待機會，開始用各種布局誘引手段希望速成，貼在網路同溫層上互相點讚尋找「成就感」，這些極端的攝影方式不但毫無「生態」可言也經常嚴重干擾甚至傷害了自然。

比如前幾年在西藏的林錯自然保護區，有幾名攝影者為了拍出藏羚羊在沙塵中奔跑的畫面而駕駛兩輛越野車製造塵土飛揚並且刻意驚嚇驅趕，當然有保護意識的群眾已經愈來愈多，這些人很快就被目擊者舉報而遭逮捕重罰。有一次我在鄱陽湖自然保護區躲在草叢後拍攝一群正在休耕田間覓食的豆雁，忽然雁群騰空而起全部飛離，正納悶間看到不遠處空中的無人機立刻就明白了，經常有人利用這項新科技闖入水鳥棲息地驚擾，而得到群鳥漫天飛舞的場面，可惜鄱陽湖沒有貼出「任何人可當場擊落無人機」的公告，當時真的很想找彈弓射下來啊！在臺灣的新聞報導我也看過一則轉自社群網路，空拍一群梅花鹿在墾丁草原上奔跑的影片，很明顯那根本是鹿群受到驚嚇掀起尾部逃竄狂奔，梅花鹿非常容易因為這類的驚嚇出現橫紋肌溶解症在幾天內猝死……看到這些「精彩瞬間」的畫面，你還會忍不住點讚嗎？在肯亞的野生動物保護區，不要說使用無人機拍攝，這些設備根本在海關就禁止攜帶入境。

臺灣的野鳥記錄超過六百種，賞鳥和鳥類攝影也因此成為非常熱門的活動。有一次和朋友到野外拍鳥，帶著長焦距「大砲」鏡頭隨緣走走，正好遇到一隻白眉林鴝出現在林道旁，大家拼命按快門，附近還有一些攝影者，所有相機連拍的聲音簡直像是機槍掃射。在數位時代這樣的聲音顯然早已讓人見怪不怪，甚至某些攝影者還因

	1
	2　3

1. 受到無人機驚嚇的豆雁群。
2. 這隻白眉林鴝把麵包蟲和大頭針一起吃進嘴裡，在吞食過程中擠壓而造成針尖從喉部穿刺出來。
3. 啄食山桐子的五色鳥。絕大多數人還是喜愛自然狀態下偶遇的生態攝影，只要像追星族一樣在野生動物喜愛的「餐廳」耐心守候，拍到的機會自然就多。

為手持高價位、高畫素、高速連拍器材而自覺「不可一世」，想起早年自己用幻燈片拍照時，每次裝上膠卷只能拍攝三十六張，出一趟遠門大概也就帶一百卷片子三千多張吧，那時的生態攝影的確需要專注謹慎，按快門也需要很大的熱情，因為耗材和沖洗費用實在太貴了。不久那隻鳥隱入林中，我從機背螢幕回放檢視照片才發現，原先以為牠的脖子上有根雜草或脫落的羽毛，沒想到竟然是一根大頭針！

這一帶山區是臺灣有名的賞鳥地點，也常舉辦國際性觀鳥聯誼活動，當然無可避免的也引來了許多想拍鳥但不知如何尋找又不願意花時間等待或一切隨緣的攝影者，不少人經常使用聲誘、餌誘、剪枝、布景……各種手段，只為了拍張拿出來在社群網路上炫耀的照片。使用麵包蟲是常見的餌誘手段，有些人不但在布景的青苔、枯木裡放麵包蟲，還預設「構圖」，用大頭針把蟲釘在特定位置；那隻白眉林鴝顯然就是曾經飛到使用大頭針的餌誘拍攝現場，連蟲帶針吃進嘴裡，卻在吞食過程中擠壓而造成針尖從喉部穿刺出來。

種種激烈的拍鳥手段，也導致「拍鳥」和「賞鳥」兩群人經常劍拔弩張，互相看不順眼甚至起衝突。自然攝影是自然觀察的方式之一，數位攝影普及後也讓臺灣鳥種記錄不斷推上新高，原本應該是多麼實用也多麼優雅的事情，卻在某些攝影者失控的手段下完全走調，在那些照片裡只讓人看見貪取躁進的心，早已毫無「生態」可言。有人認為網路社群平臺也是造成這種現象的原因之一，使用者為了得到更多觸擊率而不擇手段拍出讓人「驚奇」的片子；的確網路很容易推波助瀾，但背後真正的原因還是發文者的誇炫心以及虛榮的滿足感吧，當然愈來愈多的網紅「分潤」利益或商業合作恐怕也是原因之一。

不過網路也有其正面功能，我把白眉林鴝圖片發在社群裡，那根大頭針深深刺痛了五十多萬人的心，然而，一隻鳥兒的傷，是否就能刺醒如此畸形，為了追求畫面張力而不擇手段的攝影歪風呢？

相信絕大多數人還是像我一樣喜愛自然狀態下的生態攝影，在野外拍攝這麼多年，到現在我還沒有「拍齊」臺灣的野鳥或蝴蝶，如果不是為了調查研究、不是為了出版圖鑑需要，拍攝多少種動物有什麼好追求或拿來比較的呢？在生態攝影課堂上，我也常用集郵嗜好來比喻業餘生態攝影，原本應該是輕鬆無負擔的休閒活動，往往很容易在剩下少數幾張就能集齊某一套時變成患得患失，完全失去了「怡情養性」的初衷。

很多人看不慣侵入干擾式的攝影，然而我們不可能也不需要正義凜然的在每一個誘拍現場和當事者起爭執甚至衝突，不過大家至少可以做到不要在這樣的「血照片」底下點讚，或是向社群管理者檢舉有明確違規事實的內容。改變單一事件的效果畢竟有限，也很快就容易挫折疲累，唯有透過生態教育改變觀念，透過生命教育改變人心，改變那些貪求、誇炫、虛榮的念頭，讓更多人懂得珍惜自然也學會尊重野生動物，才是根本之道。

梅花鹿非常容易受到驚嚇出現橫紋肌溶解症而在幾天內猝死。

誰愛動物園

本篇最後，我想用一點篇幅聊聊動物園的存廢與功過。小時候爸媽帶我去圓山動物園，看到大象林旺爺爺、長頸鹿，還有猴子騎單車和黑熊滾球表演……看到這些只在電視和書本上見過的動物，真的非常開心！然而在那個年紀我從來不懂，那個年代也不會有人告訴我，我的快樂有很大部分是構築在動物的不自由上；如今，你會不會告訴孩子這些呢？

從商周時代的「苑」，到東西方歷代帝王圈養各方進貢珍禽異獸的場所，以至貴族富豪炫耀私人收藏的展示場，動物園存在已久，而大航海時代以後，人類更是將活體動物、植物收集慾望發揮到了極致！直到一八四七年原本以收集和科研為主的倫敦動物園才成為世上第一個對公眾開放的動物園，六年後又附設了水族館，現代動物園和水族館的歷史至今不過一百多年。而後也有許多人慢慢把對大眾開放的動物園、海洋館導向為如同博物館一樣，具有「收集、研究、展示、教育」的功能，但這些看來似乎頗有「正當性」的目標是不是大部分公私立動物園都能做到呢？

每回討論動物園議題，總有家長告訴我，並不是每個家庭都有能力付出高額旅費帶小朋友到婆羅洲熱帶雨林看紅毛猩猩或到非洲大草原看獅子，甚至全家人一起到宜蘭、花蓮賞鯨豚的數千元船票都要盤算很久，而票價低廉的動物園至少能讓他們滿足孩子小小的願望和快樂；也有個生物學專業的好友曾經對我說，她就是因為小時候常去動物園而深深著迷，後來攻讀了相關科系和研究所，不過我覺得因為去動物園而立志從事相關工作恐怕還是極少數特例。

搭捷運就能到，花幾十元買張門票進場後不需要去四川就能看到大熊貓，前一分鐘還在熱帶雨林，下一秒就到了沙漠，走幾步路又能遇見非洲動物，的確非常吸引人。但是該怎麼形容動物園和野生動物在我心裡的差別呢？那種感覺大概就像超商櫃子裡擺滿了微

1	2
3	4

1. 騎象或觀賞動物表演是非常糟糕的傷害生態旅遊。圈養象並不容易人工繁殖，絕大多數工作象都是從小在野外被捕獲，在驚恐中與媽媽分離，經過桎梏、饑餓、鞭叱……各種嚴厲的「崩潰訓練」，因為害怕象夫手裡尖銳的象鉤傷害而聽從指令。
2. 婆羅洲沙巴洛高宜動物園，訓練紅毛猩猩表演挑戰關卡獲得獎品以取悅觀眾。
3. 這隻侏儒象從我觀察到離開的三十分鐘裡沒有停止過左右搖擺，地上被牠踩出了兩個土坑。
4. 我想不出比展示蟒蛇讓遊客觸摸更糟糕的自然「教育」活動，大家卻笑得像觀賞綜藝節目一樣開心。

波速食，不但價格便宜而且口味多樣，只要加熱幾分鐘就能解決一餐；然而在方便的同時，我們也慢慢忘記了很多食物自然而美好的滋味。走進動物園熱帶雨林館，你怎麼可能看到紅毛猩猩揹著寶寶爬上大樹，摘無花果嚼碎了吐在葉子「碗」上餵牠的孩子，頂多只能在用餐時間看猩猩、猴子撿食工作人員每天調配好的「牢飯」吧。

印象中我已經很久不再進動物園了，最近唯一的一次是十多年前到沙巴首府亞庇的洛高宜動物園，主要是想看看自然生態如此豐富的婆羅洲為何還要設立人工圈養的展示場所，以及我在野外見過的動物們在園內生活得如何。洛高宜動物園成立的原因恐怕還是和世界上大部分地方相同，並非所有當地人都有足夠的經濟能力和假期可以到保護區親近自然，婆羅洲的自然保護區不但收費昂貴，在總量管制下能提供的名額也非常有限，有些熱門地點還必須提早數個月甚至半年預訂。

洛高宜動物園裡，每天上、下午各有一場紅毛猩猩畫圖、剝椰子表演，讓遊客觸摸網紋蟒、麝香貓，以及兒童付費騎象體驗等活動就不詳述了，絕大部分動物的生活空間明顯不足，馬來熊在橫臥的水泥樹幹上來回踱步，一對大天堂鳥觀關在兩坪左右的籠舍裡，我想起莊子說的：「澤雉十步一啄，百步一飲，不蘄蓄乎樊中，神雖王，不善也。」有吃有住，卻無自由，牠們會覺得這裡是「天堂」嗎？在大象區我至少觀察了三十分鐘以上，有一隻侏儒象幾乎沒有停止過左右踏步搖擺，地上都已經踩出了兩個土坑，直到我離開時還在原地不停搖頭晃腦乞討食物，不知是園方刻意訓練用來取悅遊客，還是經年累月的投餵行為讓牠養成了這樣非自然的習性。許多關於動物園的觀察報告裡都會提到動物來回踱步、擺頭或是左右搖晃的刻板行為，研究者認為這些是對空間不適應的焦慮狀態；馬來熊和侏儒象反復的動作是不是代表緊迫焦慮，我並非動物行為專業不敢隨便說，但至少在自然狀態下從沒有見過，然而當天我看到有太多遊客卻把這些搖擺當成是逗趣，從這一點看來至少洛高宜動物園的「教育」功能已經模糊失焦了。

還有人說，就是因為臺北動物園保存了梅花鹿的種源，今天才能在野外滅絕後重新復育。保存種源基因並研究物種基本資料的確是十九世紀以來某些動物園成立的初衷，也是現代動物園在爭議裡能夠繼續得到部份支持的正面功能之一，不過今天大部分的動物園仍然是以提供觀光休閒為首要考量，尤其只要涉及營利或必需從收入「自籌財源」就很容易造成動物園以展示珍禽異獸為目標，從世界各地收集海拔、氣候、生態環境不同的動物，想辦法吸引更多人購買門票，在商業運轉模式下逐漸悖離了保存、研究的重要功能。連亞熱帶臺灣都不自量力，臺北動物園也曾經養過兩隻北極熊，後來嚴重脫毛、皮膚潰爛而死，園方還對外表示「北極熊本來就不好照顧」，後來瑞士動物園又要轉贈兩隻北極熊給臺北，動保團體暗中調查，原來是在當地沒有「票房」無處轉送的失寵可憐動物，最後透過輿論和民意機構壓力成功擋下了沒送來；不過北極館還是改成了南極企鵝館，二十四小時耗費大量制冷電力圈養這些需要在低溫下生活的鳥類。

相信很多人也和我有一樣的夢想，希望各地動物園能停止對不特定公眾的娛樂性展示，逐漸轉型成為「收集、研究、教育」的機構，並且以本地物種為研究保護對象。娛樂型動物園說來是旅遊不方便時代的產物，現在交通發達，應該鼓勵全球各地適度開放自然保護區，大家想看老虎就去印度，要看紅毛猩猩去婆羅洲，看無尾熊去澳洲，看長頸鹿到非洲。人們不但可以看到野生動物真實自然的樣貌，也讓保護動物成為當地政府賺錢而不是花錢的事情，同時也能為保護區創造工作機會，成為周邊居民可以共享獲利而非處處受限的地方，整個世界的自然觀和自然環境保護才有可能得到提升。當然這又回到了很多家長提出的老問題，這些地點並不可能經常去，沒錯，我更認為不應該在沒有自然觀察基礎的前提下一開始就往這類保護區跑，或是帶著獵奇甚至炫耀的態度去旅行。其實讓人感動的自然經驗往往就在身邊，我們卻因為習以為常而總是忽略了，不妨先跟著各地野鳥學會、蝴蝶保育學會、荒野保護協會……帶領的活動，出門看看自己生活了很久卻可能還是如此陌生的土地吧。

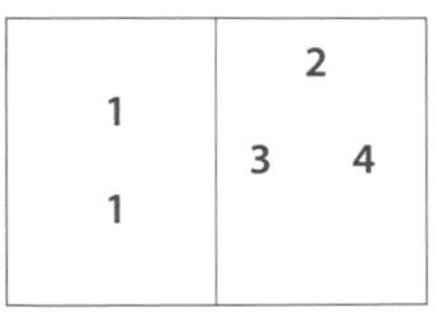

1. 婆羅洲京那巴當岸河，一隻小象緊緊跟著媽媽，學習怎樣在叢林裡生活，在河水中泡澡，學習社交並且慢慢建立群體關係；洛高宜動物園，在圈養下出生的小象，同樣緊緊黏著媽媽，而這幾千平方公尺將是牠的一生，這輩子不會知道叢林或河流是什麼地方。

2. 一隻獵豹正抬起尾部在灌叢上噴灑尿液宣示地盤，動物在野地裡的自然生命力和眼神是動物園中不可能感受到的。

3. 見過造型這麼逼真的捷運站特色指標嗎？下一站「大安森林公園」，要觀賞鳳頭蒼鷹、黑冠麻鷺、夜鷺、小白鷺和黃頭鷺的乘客請在本站下車。

4. 城市裡的家燕育雛，許多讓人感動的自然經驗往往就在身邊，很多人卻視而不見。

【第四樂章】

04 人與自然的新關係

有藍鵲伴讀的童年

二〇〇八年初春，幾位荒野保護協會的伙伴到石碇山區自然觀察，當時正值油桐花季，途經永定國小時，一行人特地繞進假日的校園裡欣賞那棵著名的老油桐樹。正好發現有一對臺灣藍鵲在緊鄰著溜滑梯、盪鞦韆的楓香樹上築巢，除了怕牠們受到干擾而育雛失敗，更擔心學生下課遊玩時遭到護巢的藍鵲攻擊。於是緊急聯絡了校方，希望可以做些讓人鳥安全相處的緩衝措施。沒想到和校長、老師商量後大家迸出了更多靈感，決定除了防範措施另外籌畫一項有意思的活動，也讓這所山區小學的孩子們共同經歷了一段難忘的求學時光。

有位荒野伙伴自掏腰包捐贈了一條深綠色圍布，先在楓香樹和遊戲場四周圈出人鳥間的安全距離。校長把藍鵲要在校園裡養小寶寶的事情告訴了全校同學，大家都感到好奇而興奮，也同意把遊戲場借給牠們安心住下來。在荒野的協助下校方製作了許多有關藍鵲生態和賞鳥的學習看板，也讓同學們參與繪製海報如「藍鵲媽媽在孵蛋，請勿吵鬧」張貼在校園裡，幾位荒野的老師也對全校師生講解了藍鵲生態和自然觀察的引導課程。

在築巢前期，資訊老師趁著藍鵲親鳥離開的短暫空檔架設了幾個迷你監視攝影機，連結在學校的教育網路讓大家隨時可以知道牠們的近況，鴉科鳥類的確聰明得超乎我們想像，儘管監視器體積非常小而且外表塗了迷彩偽裝隱藏在一旁的枝葉裡，親鳥回巢後還是立刻察覺有異，盯著攝影鏡頭最後決定發動「攻擊」，讓錄影畫面不是變成樹葉就是朝向天空，就這樣持續調整兩後天牠們總算才習慣或是被迫接受了這些異物；我想起那些只是為了拍出「乾淨漂亮」育雛畫面而剪枝砍樹的無良攝影者，鳥類怎麼可能會不知道自己暴露於危險當中呢！牠們只是不到最危險狀況不願放棄自己的骨肉吧。

綠色圍布上開了一些觀察小孔，每節下課同學們總是安靜的排

1	2
3	4

1. 臺灣藍鵲是終生配偶並且有家族「巢邊幫手」的鳥類，小藍鵲在親鳥和前一年出生的哥哥姊姊共同照顧下羽翼漸豐。

2. 這是一間有臺灣藍鵲飛過教室窗外，陪伴孩子們一起成長的小學。

3. 大家都很高興能把遊戲場借給藍鵲養小寶寶。

4. 我對校長説，並不是因為學校做了什麼，而是因為你們「沒做什麼」所以藍鵲來了；第二年藍鵲又選在校園裡的黑板樹上築巢繁殖。

隊輪流觀察，旁邊的小桌上放了空白表格筆記本，讓大家即時寫下自己的觀察紀錄，這應該也是很多小朋友第一次參與體驗如何建立基礎科學資料。非常巧的是藍鵲生了六顆蛋，這是一所六個年級加上幼兒班總共只有一百人的小學，正好每個年級「認養」一顆，雛鳥破殼時大家還幫「新同學」取了名字，雖然我覺得他們應該沒法分辨，但孩子們總是非常肯定哪一隻藍鵲寶寶是自己班上的。學校老師都非常努力把藍鵲相關的主題融入教學課程當中，提高大家學習的興趣，校方也特別舉辦了「藍鵲文學獎」鼓勵同學們寫下自己的觀察和情感。

就在大家沈浸於期待藍鵲長大的喜悅中，有一天早上忽然接到校長來電說少了兩隻幼鳥，老師查看監視影像發現是半夜裡有一條大蛇爬上樹吃掉了，她問我怎麼辦，要不要把這個令人悲傷的消息告訴孩子們？我雖然同樣感到吃驚，但還是覺得應該讓同學們知道，就算不說小朋友也會從監視影像裡發現藍鵲不見了，這正是最好的生命教育機會，藍鵲會吃毛毛蟲和蜥蜴、青蛙，蛇也要吃東西才能活下去，而蛇也可能被藍鵲或蛇鵰吃掉，這就是大自然，每一個生命的成長都不容易，天下父母把孩子養大的過程也都不容易。校長把錄影畫面回放給大家看，老師和同學都難過得哭了。

當天上午我也立刻把這件事和自己的想法告知徐仁修老師，並詢問他是不是能給小朋友上一堂生命教育課，徐老師也很快安排時間到學校做了一場分享，帶著大家飛越時空從臺灣到印度，從婆羅洲、亞馬遜熱帶雨林到非洲大草原，看見了地球上多采多姿的生命，也看見了生物與生物之間相互依存、彼此競爭與制衡的緊密關係，而大自然就在這樣的循環裡生生不息。在觀察藍鵲的過程中，孩子們真正體認到了生命的運行和自然的規律，這樣直搗人心的感受和思考在課本裡是不會有的。

終於到了藍鵲將要離巢的日子，學校特別為牠們舉辦了一場「畢業」典禮，同時頒發藍鵲文學獎。校長接受媒體訪問時說：「有時不禁也會想，我們到底做了什麼，讓藍鵲來到校園裡陪著孩子們一起讀書、一起成長……」當時我在一旁聽了，對她說其實正好相反，並不是學校做了什麼，而是因為「沒做什麼」所以藍鵲來了，沒有為了環境「整齊美觀」或防颱而修砍大樹，留下了隱密安全的築巢環境；沒有定期噴藥殺蟲，讓藍鵲在附近能找到足夠的食物；沒有因為藍鵲護巢從背後啄了幾位老師的頭，就驅趕牠們……

第二年，藍鵲又選在校園裡的一棵黑板樹上築巢繁殖。這個山區小學的孩子，或許並沒有最新的硬體設備和資源，也不像城市學童有各種課後才藝班和假日活動，但是他們有一棵老油桐樹，有藍鵲在校園裡飛舞，還有許多願意在課堂外引領他們成長的老師；藍鵲一年一年長大，孩子們也一年一年長大，將來都要成為獨立的生命個體，而這段有藍鵲伴讀的童年將會留在心靈深處，成為他們一輩子的美好回憶。

2008永定國小台灣藍鵲育雛觀察紀錄

第（28）頁

月	日	時間	觀察人	觀察紀錄
6	5	9:00	關嘉昌	有一隻鳥想要偷藍鵲的寶寶然候其牠的藍鵲就
~~6~~	~~5~~	~~10:40~~		圍過來把牠趕走。
6	5	10:45	[illegible]	我看到藍鵲站起來了。
6	5	10:45	[illegible]	我看到藍鵲在巢裡面

同學的觀察紀錄：有一隻鳥想要偷藍鵲的寶寶，然後其牠的藍鵲就圍過來把牠趕走。

先天自然與後天學習

童年在鄉村成長的孩子，有著比別人多一份的辛苦，還是多一份的幸福呢？大陸最早成立、影響力也最深遠的民間自然教育組織「綠色營」二〇一五年第一次選在福建君子峰自然保護區舉辦「大學生暑期自然講解員訓練營」，我和幾位荒野基金會的講師前往授課並分享臺灣的自然教育經驗。那是我第一次和紫雲管理所附近農家的幾個孩子碰面，當時他們正拿著石頭在荒棄的板栗園裡敲果實解饞，很大方的敲了一些分享給我們，我在這些孩子身上彷彿又看到了自己童年時的快樂情景。

紫雲村和許多現代山村一樣，青壯輩隨著經濟發展幾乎都往大城市尋找機會，孩子也跟在父母身邊就近上學，平日山裡只剩老人留守，我們上課的紫雲管理站就是當地停辦多年的迷你小學所改修。到了寒暑假父母無暇照顧，這些孩子就回到鄉下和爺爺奶奶同住，但老人家總有自己的田事農活要忙，孩子們也樂得結伴在山林田野間四處玩耍。那次相遇之後這些村童便經常跟著我們出野外自然觀察，還帶大家去看他們的「秘密基地」和每日新發現，也喜歡坐在教室裡聽昆蟲、鳥類、植物和自然生態課；廈門大學環境與生態學院本科生常到君子峰做田野實習，這些孩子既像同學更像小老師，也跟著到處跑。

有一年暑假綠色營期間，遠遠看見兩個男孩手裡捧著東西很興奮的來找我，原來是兩隻金腰燕幼鳥。我想起自己小時候在沒有自然教育的年代也曾經爬樹掏過鳥窩，或是拿著長竹竿把稻草屋頂中的麻雀雛鳥捅下來玩，但小孩子哪有什麼心思照顧，總是在強灌餵食後就把鳥窩「藏」在床腳或櫃子底下，等到從外面瘋玩回來時往往只剩空巢，多半就是讓貓撿了一頓現成的大餐吧。正想著要如何和他們聊這件事情，還不等我開口其中一人就說：「這是我們從地上救回來的，牠們的窩被人捅掉了。」

	1	2
	3	4

1. 用石頭敲開板栗分享給我的小猴子，我在這些孩子身上彷彿又看到了自己童年時的快樂情景。
2. 在民宅屋內築巢的金腰燕，本地居民多數對燕子雛鳥排遺都能寬容以待，但也有人不喜歡。
3. 有蟲便是娘，在小朋友「人代鳥職」照顧下慢慢成長的金腰燕。
4. 村童們跟著大哥哥、大姊姊一起上課，既像同學更像小老師，圖為正在採收當地村民常用於烹調入菜的木槿花。

本地居民多數對「喜從天降」的燕子雛鳥排遺都能寬容以待，甚至在室內屋樑下築巢也並不驅趕，但也有些人不太喜歡，偶爾還是會發生鳥巢被捅掉的情況，雖然我無法理解那戶人家為何不在金腰燕銜泥築巢之初就驅鳥，但這也已經不是我想知道的重點。我問：「你們怎麼餵燕子吃東西呢？」兩人搶著回答：「每天去抓蟲子啊！草地上很多蟲子，抓各種蟲子餵……蟲子有水分不需要另外喝水。」金腰燕該吃什麼看來他們也做了功課，難怪連續幾天沒有進教室聽課，原來是忙著抓蟲子。兩隻幼鳥的初級飛羽已經長成，能飛但還是喜歡黏在「人代鳥職」的小朋友手上，畢竟有蟲便是娘啊！

有一天早上正準備帶學生出門，小朋友已經在管理所草地上等我，一見面就興奮的說：「猴子老師，有一隻燕子昨天飛走了，另一隻還沒有，但應該很快就能飛了。」我們每個人除了社會名還有一個「自然名」，通常是對自己有特殊意義的動物、植物或自然現象等，希望在野外行走時能與大自然有更深的情感連結，「猴子老師」是我剛開始帶兒童戶外活動時小朋友們聯合「賜」給我的；兩個小男孩當中年紀較長的給自己取了自然名「小猴子」，因為他希望長大以後能像我一樣，帶著我送給他的筆記本和木頭自動鉛筆，到處看動物、植物，研究自然，真是奇妙的情緣啊！一群臺北的小朋友給了我這個名字，三十年後有個福建山中的小男孩也將帶著這個名字行走於天地間；另一個男孩自然名叫「小玉米」，因為他的爺爺種了很多玉米，不知道是人如其名還是名如其人，每回他摸著頭傻笑時也總會露出兩排可愛的玉米。

隔天上午小朋友告訴我最新的消息，第二隻燕子也長大飛走了。我抬頭望著金腰燕穿梭飛翔的田野上空，為兩隻小燕子順利成長感到高興，更為兩個山村男孩的成長感到高興。在課間休息聊天時我發現，平日上課所講的內容他們幾乎都聽進去了，小猴子、小獅子、小玉米、小蘑菇……這幾位「大學生綠色營」的超齡小營員實在優秀啊！年年看著他們蛻變成長，我們心裡也「偷偷」有著滿滿的成就感。

在鄉村和小動物接觸，是自然而然的事情；但懂得如此對待陷入人為困境的小動物，是後天接觸得到引導啟發的學習與成長。在這裡，他們有一所比任何自然學校都更棒的自然學校！

在自然課程裡學會了幫助陷入人為困境的小生物。

演化沒有教的事

在兒童自然純真的世界裡，與其它生物的相處可以是如此簡單，而且有著發自內心的快樂！我也曾經在南投山區的竹林裡看過農人採筍時，藍腹鷴就在一旁啄食剝下的筍殼殘渣，在斯里蘭卡的農田見到孔雀跟在翻土者附近啄食種籽和小蟲，人和鳥都非常自在，互不干擾。

然而絕大多數情況下，人類在進化歷程中與自然的關係早已經比這些單純和諧的情景複雜太多，比如為了獲取食物而發明的吹箭、獵槍、瞄準器、網具、船隻、探魚機等，各種工具讓人類擁有了與動物完全不對等的超自然力，終而成為地球這個世代的霸主。即使很多時候人類並無傷害之意，但現代生活方式仍無可避免直接或間接對其它生物造成了嚴重的侵擾，尤其在短短幾百年的時間裡我們發明了大量自然界從來沒有出現過的「怪物」，汽車、燈光、玻璃窗、塑料袋、高壓電線、船舶推進器、聲納……地球上絕大多數生物根本來不及演化適應這樣光怪陸離的世界。

雲南西雙版納是個生態非常特別的地方，由於古代喜馬拉雅造山運動的推移抬升，使版納從熱帶海洋島嶼成為北緯二十一度的內陸，但仍有許多棕櫚、露兜樹、薑科、大王花、番荔枝、玉蕊、龍腦香科等典型的熱帶植物保存下來，以及人面椿象、弧刺棘蛛、蘭花螳螂、蛤蚧等通常只在東南亞熱帶可見的生物。有一年荒野基金會講師到西雙版納熱帶植物園協助「自然教育講講解員」培訓課程，某天下午大家正在二樓教室上課，忽然被響亮的敲窗戶聲打斷，然而窗外並沒有人，直覺告訴我們恐怕又是飛鳥撞擊玻璃！

果然到走廊一看，一隻純色啄花鳥癱軟在地上，唉……這是今天遇到的第二起鳥擊事件了；上午一隻綠胸八色鶇在飛行中撞上同一棟教室東側窗玻璃後掉在一樓的屋頂斜坡上，兩腳僵直朝天露出腹部鮮紅的羽毛動也不動，看來似乎已經凶多吉少，忽然見牠抽動身體慢慢醒轉站了起來但又似乎無法正常活動，大家正想著是不是可以小心踩過屋瓦去救助，幸好牠呆立恍神一陣子後飛走了；這隻雌性啄花鳥就沒有那麼幸運，當場已經沒了氣息，我們只得把它放在灌叢深處請大自然回收，也希望牠不是正在忙著找食物帶回去的親鳥，否則受到影響的將是一整巢無助的幼鳥。

現代建築外牆常使用大面積玻璃採光，有許多還為了視覺設計或防曬節能而加上各種鏡面鍍膜，晴天時這些玻璃帷幕常反射了天光雲影或是搖曳的大樹，使得鳥類誤判認為是可以通過的自然環境而在飛行中高速撞擊。版納的伙伴告訴我，由於植物園生態非常豐富，過去就經常發生這類飛鳥撞擊的「窗殺」事件，自從園方在門窗玻璃加上霧面條紋貼紙後明顯改善了很多，可惜這棟教室剛剛整修完成，還沒來得及貼上防鳥擊條紋就發生了憾事。

很多時候即使普通玻璃也會成為透明隱形殺手，或在某些環境條件下出現同樣的鏡射倒影，二〇二〇年四月，我接到一個從小跟著我跑野外自然名「臺灣黑熊」的年輕朋友電話，在北投復興公園發現好幾隻朱連雀撞擊公廁玻璃窗而墜落，朱連雀在臺灣是相當罕見的迷鳥，我請他留守現場，輾轉聯繫後臺灣猛禽研究會人員很快趕到處理，有幾隻撞暈的醒來後自行飛走，撞死的就送到了特有生物中心做成教育標本。臺灣黑熊和猛禽會人員訪查得知原來此地經常發生窗殺事件，經過觀察原來是一旁陽光照射的大樹反映在窗玻璃上，徵得里長同意後隔天猛禽研究會就在公廁玻璃窗貼上了防止鳥類再撞擊的貼紙。

我在臺北也曾經當場遇見撞擊大樓外牆玻璃墜落仍有生命徵象的斑鳩，雖然立刻裝入紙箱送往野鳥救傷站，但可能因為頸椎嚴重受傷在到達前就已經斷氣了，不過我還是填寫表格留下了事件發生的時間、地點等基本資料。目前臺灣的《建築法》、《動保法》或《野保法》當中都沒有針對建築物干擾或傷害野生動物問題的相關規範，對建築或附加物品大概也只有如光污染「影響行車安全」或「干擾住戶生活」等以人類為本位的管理辦法；即使真想推動修訂友善動物相關法規也不太可能，實務上很難針對各種生物受到的影響而面面兼顧，更何況根本沒有足以支持的數據。因此協助留下每一筆鳥擊資料就更為重要，現在網路上已經有窗殺、路殺回報系統，即使遇到已經明顯無法救助的個體也應該儘量回報，這些資料彙整後將可成為管理單位或動保團體改善窗殺、路殺問題非常重要的參考依據。

二〇一四年一月發表在 BioOne 生物期刊上的一篇報告，根據研究樣區的九萬兩千筆飛鳥撞擊案例及各種生態數據推估，美國一年可能有三億六千五百萬至九億八千八百萬隻鳥撞擊建築物尤其是玻璃而死亡，這實在是個驚人的數字，竟然超過了美國總人口數！人類現代生活還有太多自然生物根本來不及演化適應的發明，窗殺、路殺只是問題的一隅，而我們也不可能因此不用玻璃窗或不開車；在攀爬或停棲時誤觸輸電設備意外殞命的猿猴、鳥類、狐蝠，穿越馬路遭到汽車衝撞輾壓的動物、胃裡塞滿塑料袋的海龜、看著窗外風景卻飛不過去的蝴蝶和蒼蠅、被船舶推進器打斷身體的鯨豚……永遠不會明白自己究竟遇到了什麼。

目前針對「窗殺」的補救之道就是在容易發生撞擊的玻璃窗加上干擾光線折射或反射的裝置，比如貼滿兼顧透光功能與美觀的霧面條紋、花紋或陣列小圓點，或是在外側掛上間距小於十公分的垂墜細繩簾，只要能讓鳥類感覺到有障礙物或打散玻璃反射的天光雲影就可以達到防碰效果。很多人以為在窗玻璃上貼一隻猛禽的影像可以讓鳥類警覺有掠食者而避開，但實際上無論黑白畫稿或彩色猛禽照片的防鳥效果都不好，因為這些貼紙老鷹就像田裡的稻草人一樣不會移動，要使飛鳥避開並不是來自圖案外形而是必須明顯打散窗玻璃可穿越的錯覺，所以如果窗戶面積大就必須貼很多隻反而未必美觀。不過如果在條紋、圓點窗貼或防撞掛簾之外再加上一張猛禽貼紙還是有很重要的功能：提醒及教育人們現代生活對自然所造成的影響。

	1	2
	3	4

1. 窗殺的純色啄花鳥，如果是正在育雛的親鳥，受到影響的將是一整巢無助的幼鳥。
2. 高速撞上玻璃窗的綠胸八色鶇，幸好恍神許久之後慢慢恢復了行動能力，但這段時間如果遇到流浪貓就只能坐以待斃。
3. 這隻黃鸝雄鳥以為窗戶鏡射影像是繁殖競爭對手，不斷撞擊玻璃驅趕。
4. 許多小昆蟲常意外闖入室內遭到玻璃窗困住，直到累死都不明白自己究竟遇上了什麼。

高速公路黃昏殺蟲事件

人類發明電燈一百多年來，夜晚的地球忽然多出了成千上萬比月光還要明亮刺激的定位導航或誤導指標，許多具有「正趨光性」的生物受到影響而在強烈的燈光下徘徊或停駐，這些人工光源不但影響了牠們原本的生活秩序，干擾了覓食、求偶（如螢火蟲）、繁殖、生長，也常常要了很多小生物的命。

有一次我在黃昏時開車經過嘉南平原段的高速公路，天色漸漸暗下來，為了行車安全我順手打開了車燈，就在此時忽然一陣一陣的小蟲子像暴雨一樣不斷撞擊前擋風玻璃，數量多到像災難片，我必須啟動雨刷和噴水不斷刮洗，否則根本無法看清路況。第二天上午看到自己的車子，簡直像點描藝術裝飾品，前保險桿、水箱罩、引擎蓋、擋風玻璃、後視鏡一直到車頂黏滿了搖蚊、蛾類和各種已經無法辨認的昆蟲碎片，而且這些蟲屍的體液在陽光下曬乾後緊緊黏在烤漆上，用肥皂水和刷子也很難洗掉。

被高速公路「光帶」吸引而來的昆蟲不但丟了性命，也很可能造成行車危險，但我們會因此就不開車，在黃昏時封閉公路，或是在車輛高速行駛的情況下關掉吸引昆蟲趨光的車燈嗎？這的確是個難解的課題，在那次經驗後，我也只能儘量不在黃昏時開車經過農業專區的高速公路。

有一年在福建君子峰自然保護區，給綠色營大學生暑期營隊上課，我播放了「一串粉紅色珍珠放在金屬光澤背景上」的照片，同學都驚訝於大自然怎麼會有這麼美的藝術品！下課時我帶他們去看這件藝術品，就在教室走廊的鐵窗上，那是某一隻趨光而來的雌蛾，原本應該要把卵產在食草或適合寶寶發育生長的地方，卻因為走廊燈光迷惑而徘徊不去，最後就把卵產在了不鏽鋼鐵窗上，這些黏在金屬上的卵粒即使能夠孵化也註定無法順利成長了。我問同學：「還覺得這件藝術品很美嗎？」他們感到既無奈又難過，猴子老師教十

一串粉紅色珍珠放在金屬光澤背景上的「藝術品」，背後卻有著讓人難過的原因。

科學家利用昆蟲的趨光性，經過合法申請後以白布打光集蟲進行調查研究，非法的昆蟲採集者也利用這個特性盜捕，這些夜晚的光線是昆蟲演化億萬年來從未銘刻在基因裡的。

遍不如大自然教一遍，大自然派蛾媽媽來教室給大家上了難忘的一課，在那之後不需要老師或工作人員提醒，大家都會在每晚就寢前把走廊上的燈全部關掉。

其實夜間燈光除了影響趨光性昆蟲，也可能嚴重影響了植物生長，臺灣有許多公路邊的農田作物在路燈強光照射下生長秩序完全錯亂，無法順利發育，有些葉菜類會「徒長」，也就是莖會一直長高而不休息，主要食用部位的葉子卻發育得不好；有些作物則是因為分不出白天黑夜，生長期反而延遲甚至不開花；許多水稻田已近飽穗收割期，鄰近路燈的整片植株卻還是青綠色。然而，農民為了收成要求關掉或減弱路燈，夜歸的行人和駕駛人則是希望路燈能夠愈多愈亮才安全，夾在中間的路燈管理單位究竟該怎麼做呢？最後各方總算以「加裝燈罩控制照明方向」得到了折衷的妥協。

農作物直接關係到農民的收益，因此還能受到重視，有更多與人類沒有直接利益關係的植物同樣深受光害之苦，卻很少有人會去關注，比如城市行道樹或是公園裡的植物，白天曬陽光，晚上曬燈光，從來沒有機會好好休息，不過隨著自然教育推展，這些事情也漸漸有了好的發展。位於臺北市富陽街底的山坡林地，從日治時期就闢建為彈藥庫，一九八八年軍方撤離後，當地居民一直希望能將廢營區闢建為社區公園，也一度在部份土地上鋪設水泥成為羽球場和兒童遊戲區。因緣際會在中興大學生命科學系和荒野保護協會等單位的規畫建議下，臺北市政府於二〇〇六年以「最低限度設施、保留自然生態」的原則在此成立了「富陽自然生態公園」。這處公園和臺北市甚至臺灣各處城市公園最大的不同點在於，它是一座「無光害公園」，除了入口處的廁所和小廣場有照明之外，進入公園範圍完全不設置路燈，把夜晚還給動物和植物，還給這座森林真正的主人。

右圖：富陽自然生態公園，臺灣第一座沒有燈光的城市公園，把黑夜還給自然，還給鼯鼠，還給臺北樹蛙、螢火蟲和大頭蛇。

你走你的路，我過我的橋

除了窗殺之外，「路殺」也是愈來愈嚴重的人類與動物衝突問題，每年遭到汽車高速撞擊的陸地動物甚至飛鳥、昆蟲等難以計數，尤其誤闖公路的野生動物或流浪犬貓不但容易遭到路殺，也很可能引發嚴重車禍，每回想起多年前遇到的那場昆蟲「暴雨」襲擊仍心有餘悸，當時最讓我精神緊繃的不是雨刷噴水狂掃下模糊的視野或自己的控車能力，而是會不會被附近受到驚嚇而失控的車輛波及。

動物察覺環境變化的警覺性非常高，躲避危險的反應也很快，這些都是生存必備的能力，但牠們對汽車的戒心卻出奇得低，我們在野外觀察或拍攝野生動物時，通常只要掩蔽在慢速行駛的車中就能悄悄接近到適當距離，關鍵就在於汽車並沒有「生物」特徵，不被動物認為是有危險的侵犯者；然而這也可能使得牠們難以認知到公路與車輛的危險，經常在穿越道路時與高速行進的汽車發生碰撞。尤其在汽車性能和速度提高加上公路普及後，野生動物與車輛發生

一隻長頸鹿輕易跨過了保護區設置的電網衝上公路，被車輛嚇到後突然又轉向奔跑，幸好我的嚮導和其他車輛駕駛反應都很快，緊急煞住了車子。

碰撞的事故也隨之增加，這些事故不只是造成動物傷亡，也使得人類的生命財產受到損害；在人類無法不使用交通工具而動物又難以學習或「進化」到懂得躲避車輛危險的情況下，最理想的解決方案也只有建造動物專用的穿越廊道，讓車子和動物「各行其道」了。

廣義的「生物廊道」包括水生動物所使用的人工設施，一八三七年加拿大人設計了第一個現代化的魚梯結構，以解決壩偃阻隔上下游生物往來的問題，一九五〇年代法國建造了第一處與公路立體交叉的生物穿越廊道，之後這類設施在歐洲和美國等地區逐漸受到重視而開始普及，直到今天「生物廊道」仍是減緩動物與人類傷亡最直接有效的設施，也被視為當地政府和居民關心動物保護的具體指標。

荷蘭在一九八八年建造了兩條最早的生物廊道，至今已完成七十一處，其中一座完成於二〇〇六年名為「自然橋」的廊道是目前世界上最大的同類型設施，總長八百公尺、寬度五十公尺、延伸至河邊的斜坡寬一百五十公尺，跨越公路、鐵路、河流、商業中心和體育園區，連接了被人類開發環境分隔的自然保護區和森林，讓鹿、野豬、狐狸、野兔和瀕危的歐洲獾等可以在這座有綠色植被、水域、沙地……模擬自然環境的通道上安全往來，落成時並由荷蘭女王親自主持典禮，也顯示了該國對人與生態和諧的重視；這座綠色生物廊道不只是供動物通行，也有一條小徑開放給徒步、單車騎行和騎馬者。荷蘭人對自然的友善也展現在許多地方，二〇一五年蒙斯特鎮建造跨越小河的新橋時，特別委由建築師和蝙蝠生態學家把橋面下設計成適合當地原生蝙蝠棲息與越冬的環境。

澳洲聖誕島為紅蟹建造的專用通道也非常著名，每年十月、十一月或稍晚雨季開始，降下第一場大雨後，棲息在內陸森林的上千萬隻紅蟹會跋涉約一星期左右往海邊移動，雄蟹在岸上挖洞、求偶並與雌蟹交配後就返回森林，雌蟹則繼續留在洞裡抱卵約兩週才到海水中釋幼並返回森林。紅蟹在島上沒有天敵，但這項遷徙必須跨越數條公路，每年都有大量紅蟹遭到路殺，也常有車胎遭到蟹甲刺破，為了改善此一衝突，聖誕島國家公園沿著公路兩側設置了紅蟹無法攀爬的金屬護欄，導引牠們從三十一條地下涵洞穿越，還有一座將近六公尺高鋪上細網以方便紅蟹使用鉤爪攀爬的天橋，如今這座天橋也成了世界各地遊客觀賞紅蟹遷徙的主要景點之一；不過並非所有道路都有適當條件可以設置廊道，在紅蟹遷徙高峰時，管理處也會暫時封閉部份道路。幼蟹在海水中經過一個月發育後，少數存活的個體會沿著金屬圍籬在「蟹生」第一次穿越這些人造涵洞或天橋進入森林，如果順利成長牠們也將在三年後加入紅蟹大遷徙的世界奇觀。

二〇〇四年八月，經過十年的生態調查後陽明山國家公園也首開臺灣先例，在五處路殺熱點設置了地下涵洞式生物廊道。二〇一一年國道三號開始在沿線施作「動物防護網」，配合路面下的排水箱涵等既有設施改造為適合動物通行的環境；不同於中山高大多經過城鎮，這條高速公路有許多路段是野生動物活動頻繁的淺山丘陵，尤其中部一帶更是瀕危保育類石虎的重要棲地；目前已完成總長超過二十公里的防護網和二十二處穿越涵洞，設置防護網並不只是為了防止動物闖入高速公路，而是兼有「漏斗」的功能，將動物引導往穿越廊道。二〇一三年二月國道三號也設置了臺灣第一處高架的生物廊道，在保育類石虎重要棲地利用原有的「通霄一號跨越橋」將三分之一橋面施作改為綠廊供野生動物通行，完成不久後已監測到石虎、白鼻心、鼬獾、野兔、麝香貓等使用。近年，公路單位和各地方政府也在石虎路殺熱點如苗二十九線、臺三線卓蘭段、臺十三甲、臺十六線等陸續完成了防護網和利用排水箱涵改修的穿越廊道。

雖然生物廊道被視為友善動物的指標之一，但無論這些廊道設計得多麼理想，動物使用率或傷亡率的數字有多少改善，畢竟都只是在「補破網」，只有減少未來需要以生物廊道補救的開發項目和工程設計，才是更友善的做法。

	1	1
	2	3

1. 陽明山國家公園除了設置幾處領角鴞穿越告示牌提醒車輛注意，二〇〇四年八月也首開臺灣先例在陽金公路和百拉卡公路五處路殺熱點設置了「動物穿越涵洞」。
2. 高速公路動物防護網的作用不只是把動物隔離在路外以減少車禍發生，還有如漏斗一樣的功能，把牠們導引至與公路立體交叉的穿越涵洞或高架橋。
3. 婆羅洲京那巴當岸河，讓紅毛猩猩往來兩岸森林的吊橋。

懂得退後，才是向前

建造生物廊道，並不只是讓野生動物避開危險區域以免造成傷亡或交通事故，另一個更重要的原因是人類對土地的各種大規模開發利用如公路、鐵路、城市、工廠、商業區、農田……使得野生動物的自然棲地面積愈來愈少也被切割得更為碎塊化，不但生活範圍遭到限縮、覓食更加困難，也阻隔了物種間的往來而形成「基因孤島」，長此以往將可能使族群數量較少的生物出現基因弱化問題，因此除了穿越人為設施的「生物廊道」之外，設置大型的「生態廊道」以連結碎塊棲地更是重要的保育課題；在許多研究資料中也都提到，生態廊道不只是增加了動物覓食與基因交流的機會，兩側的植物多樣性也會隨著動物往來而提高。

臺灣第一條高速公路，也許為了延長使用壽命或其它多功能用途考量，有很長路段都是採厚實高築的路塹，記得有一次帶戶外活動，車行高速公路時我請大家看看左邊和右邊的農家，直線距離不過兩、三百公尺，雙方可能已經有數代交情，小孩子們也總是在田間一起玩耍直到黃昏才各自回家吃飯，但因為這條公路的分隔，兩家人見個面就得繞上幾公里或更遠，或許到了下一代就漸漸少有往來了。一條公路對人類生活都可能帶來如此大的影響，更何況是生態上相對居於弱勢的野生動物；幸好後來再建造的高速公路大多數路段都改成了高架化。

到過婆羅洲京那巴當岸河保護區的遊客，幾乎都會驚嘆於當地豐富的生態，船行兩岸隨時都有機會見到食蟹獼猴、豬尾獼猴、婆羅洲特有的長鼻猴，以及水巨蜥、網紋蟒、張開大嘴在岸邊曬太陽的灣鱷，還有停棲在河岸枝頭的鸛嘴翠鳥、馬來魚鴞、黃臉鸛、偶爾掠過天空的栗鳶、馬來犀鳥等，運氣好的時候還能遇見紅毛猩猩或是正沿著河邊覓食遷徙的侏儒象，然而多數人並不知道，這些看來豐富的自然生態卻是因為「不自然原因」所造成的。由於伐木和種植油棕，兩岸森林只留下了數十至數百公尺的寬度，後方的原始

長鼻猴是婆羅洲明星物種也是這座島上的特有種，京那巴當岸河豐富的自然生態其實是因為「不自然原因」所形成。

雨林早就已經在過去幾十年間砍伐殆盡，失去棲地的動物們被迫全都擠到了僅存的河岸保護區。

搜一下衛星地形圖會發現離開河流不遠全都是整齊的方格線，那些就是砍伐雨林後所開闢的油棕園，棕櫚油已經超過黃豆油和菜籽油成為全世界使用量最高的植物油，炸雞、薯條、洋芋片、冰淇淋、巧克力、餅乾、泡麵、抹醬、清潔劑、蠟燭、沐浴乳、化妝保養品……

我們生活裡各種商品所使用的棕櫚油就是產自這些動物原來的棲地。有些油棕園甚至在保護區成立前就已經種到了河岸邊，僅存的京河下游保護區自然林地也被切割成大約十個不連續的「孤島」，動物遷移時經常被迫進入開墾區而與人類發生衝突，幾乎每年都有好幾起侏儒象在棕櫚園內中毒死亡事件，可能是喝到了農藥污染的水源，但也可能是被盜獵者刻意毒害，二〇一六年在烏魯賽加瑪保護區附近的油棕園裡，就曾發現一頭死亡公象被砍去了臉部和象牙。

根據一份《馬來西亞河岸生態多樣性》研究報告，河流兩岸視環境條件而異，至少需要一百公尺到四百公尺寬度從地面層、低木層到樹冠層和突出層完整的森林植被，才足以維持健康的河岸生態系統。近年沙巴當地保育團體和「世界土地信託」等國際組織已開始進行一項計畫，遊說地主或油棕公司能讓售或提供關鍵的土地用於造林，種植適合動物棲息和利用的當地原生樹種成為「生態廊道」，使碎塊化的京河保護區能夠重新連結。人類當然不可能比大自然經營得更好，但經過仔細規畫的造林仍是重建生態廊道初期必要的手段，我在婆羅洲踏賓自然保護區曾經進入一片伐木後任其自然演替以研究生態變化的次生林，嚮導告訴我：「砍的時候只要一年，但大自然花了四十年還沒有恢復。」

生態造林需要的也絕不僅是如何把樹種活的技術，而是足夠的科學資料，在丹濃谷自然保護區，我正好遇到長期追蹤一隻雄性紅毛猩猩的研究團隊，每天兩人一組從早到晚詳細記錄牠活動的時間、地點和行為，標註取食、利用的植物等；比如紅毛猩猩每天傍晚會在幾十公尺高的大樹上選擇適合的分杈，把濃密枝葉向內彎折做成舒適的巢床睡覺，天微亮時就離開，絕不重複使用舊的巢床，這是牠們小時候跟在媽媽身邊七年左右所學到的生活技能之一，每隻紅毛猩猩的心裡都有一張雨林生活地圖，知道哪種樹的枝椏足夠堅韌安全，什麼時間在哪裡有果實成熟；研究人員已經在丹濃谷註記了上千棵這隻紅毛猩猩利用過的植物，人造林的豐富度怎麼可能比得上原始自然林。

臺灣也有一條長達三百公里的生態廊道，一九九八年底「全國國土及水資源會議」在與會學者專家倡議下做成了研擬「中央山脈保育軸」的結論，希望能將臺灣中高海拔斷續的自然保護區串連起來，以減少野生動物受到人為開發的阻隔。二〇〇〇年二月經農委會林務局規畫完成公告了「中央山脈保育廊道」，從北到南包括：插天山自然保留區、棲蘭野生動物重要棲息環境、雪霸國家公園、太魯閣國家公園、雪山坑溪野生動物重要棲息環境、瑞岩溪野生動物重要棲息環境、丹大野生動物重要棲息環境、玉山國家公園、鹿林山野生動物重要棲息環境、玉里野生動物保護區、關山野生動物重要棲息環境、出雲山自然保留區、雙鬼湖野生動物重要棲息環境、大武山自然保留區等十四處保護區，總面積達六十三萬三千八百多公頃，佔臺灣土地總面積百分之十七點六；其中棲蘭、丹大、關山三處野生動物重要棲息環境正是當年為了使保育廊道完整串連而新指定的保護區，面積約二十四萬公頃。

二〇一八年林務局更進一步著手在花蓮光復鄉推動橫向連接海岸山脈與中央山脈的低海拔生態廊道，沿著臺糖大富農場轉型的森林園區、自強外役監閒置農地、嘉濃溪兩岸等造林植樹，並協調公路總局趁臺九線新建工程把大富橋路段高架化與廊道錯開，保留下方的土地成為動物可以行走的綠帶，同時協調鐵路局要求養護邊坡和鐵路橋下的承包商改為人工除草而不使用除草劑，總長度約二點五公里的生態廊道大致完成了拼圖。整個計畫能夠順利完成，主要也因為土地主管單位都是政府部門或公營事業，以臺灣低海拔土地高密度開發利用的程度，後續想要推動類似計畫顯然並不容易，不過這條生態廊道至少宣示了人類知所退讓的開始。

生態保育能否成功最重要的不是經費編列、不是計畫執行，而是心態，人類什麼時候能改變自己對大地擁有「絕對支配權」的心態，把土地使用權還給其它生物，才是最根本的關鍵；在自然保育的路上有時必須「懂得退後」，才是向前。

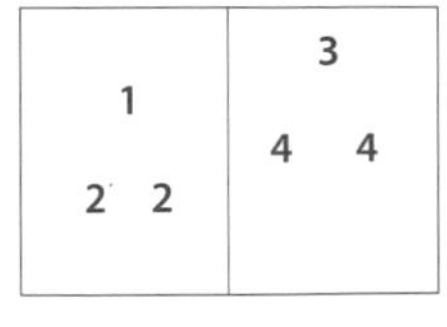

1. 有些油棕園在京那巴當岸河保護區成立前就已經種到了河岸邊，野生動物僅存的狹窄棲地被切割成許多碎塊。此圖後方可見到砍伐雨林後改種的油棕，雨季河水上漲時，這些侏儒象往來遷移就只能從油棕園通過。

2. 每顆油棕的果序重約二十至四十公斤，棕櫚油已經成為全世界使用量最高的植物油，我們生活裡各種食品和日用品所強調的「天然棕櫚油」或「天然椰子油」就是產自雨林動物原來的棲地。

3. 丹濃谷自然保護區，正在開花結果的龍腦香科植物把樹冠層染上了奇異美麗的色彩，原始雨林的生態多樣性不是人造林輕易能夠模仿的。

4. 在大樹分杈把枝葉向內彎折做成舒適巢床休息的紅毛猩猩；研究人員曾追蹤記錄牠吃了右圖編號一四七九這棵樹的果實。

怎樣幫蝴蝶過馬路

這是個乍聽之下很奇怪的事情，我們可以利用漏斗防護網和立體交叉設施讓陸生動物避開危險的公路，但是飛鳥和蝴蝶並沒有固定路線也無法在空中裝個漏斗引導，怎麼可能幫蝴蝶設置過馬路專用的通道呢？臺灣不但有一條專為蝴蝶設置的高速公路穿越廊道，也曾經登上許多國際媒體報導，嚴格說來這條通道是蝴蝶自己選的，人類只是「配合辦理」。

二〇〇〇年時蝴蝶保育學會研究員詹家龍帶領林務局紀錄片小組前往高雄茂林拍攝紫斑蝶，發現其中一處曾經有大量蝴蝶聚集越冬的樹林已經被夷平成為停車場，大學和研究所專攻昆蟲與蝴蝶的詹家龍在驚訝痛心之餘，也決定開始投入紫斑蝶的研究和保育，希望此一世界級的自然奇景能夠得到更多重視和保護，不要消失在這一代人眼前。經過徵集全臺灣各地義工開始進行標放、觀察、記錄、統計，終於在四、五年後慢慢找出了幾條紫斑蝶在臺灣南部越冬地和中北部繁殖地遷徙往來的「蝶道」，發現這些蝴蝶飛行的路線不但相當固定，而且也常常是群集遷移。

尤其二〇〇五年四月三日，調查人員在雲林的林內更曾親眼目睹了萬蝶飛舞的壯觀景象，一整天下來估計約有一百萬隻紫斑蝶通過，然而那次經驗不但讓大家難忘也更難過，有許多蝴蝶飛越國道三號時被高速行駛車輛所造成的氣流往下捲而遭到路殺。於是詹家龍邀請幾位學者共同向高速公路局提出了「蝴蝶穿越廊道」的構想，在詳實的調查資料和影像佐證下，高公局從二〇〇七年開始了「國道讓蝶道」保育計畫，這也是全臺高速公路的第一個生物廊道。

每年清明節前後在國道三號二五二公里林內觸口段兩側護欄會設置長一千一百公尺、高度四公尺的防護網，讓蝴蝶提升飛行高度，同時降低車輛速限至八十公里以減弱下捲氣流，當每分鐘通過蝴蝶數量達到兩百五十隻就會暫時封閉雙向最外側車道，以降低大型車輛氣流的影響；這項計畫實施後，紫斑蝶的路殺率從百分之四降到了千分之三以下，高速公路總算不再有蝶屍遍地的景象，也提高了往來車輛的用路安全。

除了幫蝴蝶過馬路，在臺灣也一直有許多人在各處默默幫助其它受困於道路險境的小動物，比如螃蟹和青蛙。臺灣雖然無法見到聖誕島紅蟹如行軍般大規模遷徙的景象，但許多陸蟹也有相同的降海繁殖習性，南臺灣恆春半島、綠島、蘭嶼是許多陸蟹的重要棲地，恆春半島已知有七十餘種陸蟹，單位面積的豐富度在全世界都不多見，尤其在滿州鄉港口溪一帶就記錄了四十九種，近年更發現許多新的臺灣特有種陸蟹；這些陸蟹雖然還是用鰓呼吸，但是特化的鰓室能夠保水、溶氧，只要偶爾補充少量水分就能長時間在陸地上生活，主要的繁殖期在夏天，每年六到十月抱卵的雌蟹會在農曆初一、十五過後幾天大潮時從棲息的森林移動到海邊釋幼，最密集的時間為日落後兩小時內。

可惜今天已無法想像居民口中從前恆春半島陸蟹在繁殖期大規模遷移的壯觀場面，根據學者在九〇年代的調查，港口地區「中型仿相手蟹」估計數量仍有數十萬或接近百萬隻，當時甚至可能是全世界最大族群，但近年來隨著電影效應和大型演唱會等活動湧入了超量的遊客，從每年兩百多萬跳升到接近五百萬甚至曾經超過八百萬人次，各種休閒設施、大型飯店、民宿、遊樂場、道路、停車場的開發興建，不但破壞了陸蟹棲地，也把牠們從森林到海邊繁殖的必經之路切割得支離破碎，如今估計港口的中型仿相手蟹百萬族群可能因為棲地破壞等各種原因僅剩不到一萬隻。加上這兩年蟹類殺手「黃瘋蟻」跟著人為活動進入臺灣，對恆春半島陸蟹更帶來了致命的影響；在一九九〇年代就遭到黃瘋蟻肆虐的聖誕島，原本估計有四千多萬的紅蟹族群可能已被這種螞蟻殺死了一千至一千五百萬隻；恆春地區陸蟹受到的影響目前仍持續調查研究中。

這些仍存活在墾丁熱帶季風林的陸蟹族群，不但生活更辛苦，往海邊繁殖後代的路途也變得更危險，每年夏天繁殖期正好也是墾丁、綠島、蘭嶼的旅遊旺季，經常有大量陸蟹遭到粗心遊客的車輛輾斃，如何減少路殺成了刻不容緩的事情。其實這個問題一直存在，墾丁國家公園管理處早在一九九三年開始就曾陸續試辦了「護送螃蟹過馬路」活動，但當時路殺情況還沒有那麼嚴重也沒有受到普遍關注，舉辦梯次和參與的人數都有限。直到路殺隨著旅遊人次大量增加，二〇一三年起墾管處把護蟹納入了年度重要活動與宣導項目，每年在陸蟹繁殖高峰期六月到九月逢農曆十五至十七日連續三個晚上，入夜後會在臺二十六線香蕉灣至砂島路段兩公里範圍進行交通管制兩小時，僅開放雙向各一條車道，每隔十分鐘放行十分鐘並由前導車控制行車速度，同時配合志工在沿線以人力協助螃蟹安全通過，也有電腦製造大廠至今每年固定都會發起員工參與並贊助護蟹行動需要的頭燈等設備。

但這項「十分慢行，十分蟹謝」管制措施雖然有效減少了路殺，仍無法避開隨時可能出現在馬路上的螃蟹，二〇一六年由生態學者提出的「讓陸蟹平安過馬路」計畫通過民間企業評選得到獎助，經過監測後選定港口社區在道路兩側設置了帆布阻隔牆，引導陸蟹經由現成排水箱涵加上繩索和樹枝改裝的地下廊道降海，大幅減少了當地的路殺情形；第二年研究團隊應墾管處委託在砂島路段也施作了兩處同樣的陸蟹廊道，根據墾管處的統計，路殺率降到了百分之二以下。可惜這些實驗性質的阻隔引導設施都是以綠色帆布打造，並無法耐久，二〇一九年後也未再繼續，但陸蟹年年夏季都要過馬路，遊客也年年湧入墾丁，長久之計或許應該參考聖誕島國家公園採用金屬圍籬，不但堅固耐候，也更能讓遊客感受到政府維護生態永續的決心。

	1 2
	2 3

1. 生活在墾丁海岸季風林的奧氏後相手蟹，兩眼中間有漂亮的金色「眼影」。

2. 外表有幾分像「聖誕島紅蟹」的中型仿相手蟹，曾經在恆春半島港口地區有百萬隻的記錄，但由於旅遊開發導致的棲地破壞、路殺、溪流水泥化、人為捕捉和外來黃瘋蟻侵襲等因素，族群數量已大減。

3. 凹足陸寄居蟹。由於蠑螺、鳳螺等貝類遭到人類大量採捕食用，加上遊客在海邊違法任意撿拾貝殼，恆春半島許多陸寄居蟹找不到合適的空殼，只好住在單薄易碎的蝸牛殼甚至廢棄人造物如奶粉匙、瓶蓋裡，近年當地已有許多民間團體和公部門發起募集螺殼活動，請大家收集吃完的蠑螺、鳳螺殼寄到相關單位，把「家」還給寄居蟹。

「人類本位」才是自然保育最大的障礙

相對於墾丁受到的關注，其它地方陸蟹似乎少了聚光燈，當然對牠們來說自己是不是明星物種根本不重要，只要在棲息的海岸林和草地上有落葉、果實、昆蟲和死掉的小生物能夠填飽肚子，只要在夏季大潮之夜能夠順利到海邊繁殖，「蟹生」也可以如此簡單。不過自從臺灣許多地方開闢休閒自行車道後，這些陸蟹原本平靜的生活也受到了嚴重的干擾，愈來愈多往海邊準備釋幼的陸蟹媽媽慘死腳踏車輪下，這兩年在淡水河口和高美濕地等路殺問題嚴重的地方也開始了護蟹行動。

淡水河口近岸林棲息的大多為小型陸蟹，如紅螯螳臂蟹、無齒螳臂蟹、隆脊張口蟹等，背甲寬度大約都在三到四公分之間。多年前為了保護人類安全興建的關渡堤防完成後，這些陸蟹降海之路就已經變得非常辛苦，我曾經見到一隻陸蟹因為無法越過垂直的水泥護欄而來回爬行，當時出於大意只用拇指和食指想從後方掐住背甲幫牠快點越過這道「人打牆」，不料牠正好改變角度，因為感覺危險瞬間用大螯夾住了我的虎口並且自割，斷掉的螯足肌肉不需要大腦也能繼續「活著」，深深扎進了肉裡而且愈夾愈緊，我忍著痛找到草葉先幫牠過了堤防才處理手上的血滴子，但是心裡不免仍想著：牠要怎麼回來呢？

堤防上多了自行車道後，陸蟹們簡直像參加障礙過關搏命挑戰賽，好不容易爬上堤防內側斜坡再倒掛金鉤爬過拓寬延伸的車道下方，接著還要閃避堤頂無數載著歡聲笑語的風火輪，再越過外側「高不可攀」的萬里長城才能到達淡水河，最糟的是有些車道還築起雙向分隔的水泥護欄，更增加了降海陸蟹徘徊的時間和遭到路殺的機率。這些堤防自行車道提供了人們休閒娛樂也被城市管理者當成重要政績宣傳，卻很少有人關心它們是把螃蟹傳宗接代的必經之途變成了族群日益縮減的死亡之路，不幸慘遭壓爆的個體在路殺統計數字上只是一隻，而實際上除了一隻陸蟹媽媽，枉死的還有上萬隻陸蟹寶寶。

雖然臺北關渡和臺中高美濕地已經有保護團體展開了蟹類生態基礎調查和積極的護蟹行動，後續要在路殺熱點的堤頂和自行車道下方設置穿越廊道等補救設施也並不難，但如果大多數人們依舊只關心自己的休閒娛樂而忽略了螃蟹也要活命，主政者規畫工程時只想到功能和美觀而沒有考慮到當地生物的基本需求，這樣的事情不會只出現在關渡和高美，受到傷害的也不會只有陸蟹。

站在「人類本位」行事，往往是自然保育最大的障礙。二〇〇八年秋天，荒野保護協會新竹分會的伙伴在大山背（橫山鄉）山區道路進行兩棲類夜間調查時發現上百隻梭德氏赤蛙遭到路殺，原來當時正是這種青蛙的繁殖高峰期，牠們會從棲息的山坡林下聚集到溪邊求偶配對、產卵，卻常常在經過馬路時遭到車輛輾壓，由於山區道路狹窄蜿蜒並不容易規畫改善設施，因此協會從〇九年起展開最直接的協助，邀請大小朋友一起「幫青蛙過馬路」，十月份的每天晚上在路殺熱點以人力協助，讓這些青蛙不要在道路上停留太久，也幫牠們越過高聳的水泥護欄。

經過媒體報導和網路傳播，大山背護蛙行動很快得到了各界關注，新竹當地的五星級飯店業者也參與規畫了套裝行程，酌收費用提供定點集合、交通接送及餐盒、紀念品，並捐款給荒野保護協會；許多學校也安排學生參與了戶外學習課程；包括竹科廠家的許多在地公司也鼓勵員工參與，甚至還給「護蛙假」；當地村民感受到大家的熱情也開始加入這項行動；期間協會進行了數十場校園推廣講座，並在企業贊助下舉辦了棲地保育志工培訓課程。在眾人的努力下，這個地點的路殺率從百分之四十七降到了每年百分之十甚至六以下，而其實路殺率或每年幫助了多少隻青蛙過馬路都只是數字，這項活動真正的意義在於讓更多人有了實際參與並思考人與自然關係的機會，也在許多孩童心裡播下了關愛環境的種子。

不過蛙類面臨的挑戰還不只是過馬路，從跨越山壁旁水泥化的排水溝開始就得消耗許多體力，道路另一側同樣人工化的溪流更危險，垂直的連續護欄加上數公尺落差的水泥溪岸並不利於植物生長，對這些青蛙來說根本就像是先「攀岩」再「陡降」甚至變成「跳崖」。二〇一五年，經新竹縣政府同意由荒野認養了兩百公尺的路段重新整治成為「梭德氏赤蛙棲地」，透過小額募款並得到企業贊助挖除了槽化排水溝的水泥，同時招募許多志工參與改為砌石溝渠，以利蛙類通過。

然而推動生態保護往往不如預期的簡單，青蛙們最大的挑戰也並非車輛和水泥硬體設施。二〇一六年颱風帶來的洪水造成了大山背許多溪流護岸掏空，第二年大量復建工程開始進入，公所和當地居民為了避免再度受到災害威脅，全都傾向以「堅固」的混凝土灌漿施作，負責工程的公部門主管在接受媒體訪問時說：「如果護岸工程正好在蛙類繁殖區，公所還是必須優先考量鄉民的生命財產安全。」說出實話的公所人員並沒有錯，要求安全的居民也沒有錯，一切的「錯」都在梭德氏赤蛙，牠們生在了人類稱霸地球的時代！

不知是否受到颱風或工程擾動影響改變了水文條件或其它原因，二〇一八年後梭德氏赤蛙棲地不再有過去幾年十月期間約兩千三百隻青蛙成功過馬路的盛況；不過護蛙行動隊仍舊不減熱情，擴大轉型成為「兩棲類調查志工」繼續在大山背進行常年蛙調，也期待秋天的溪谷裡能再次聽到梭德氏赤蛙的「集團結婚」進行曲。

1
2

1. 淡水河岸堤防上多了休閒自行車道後，陸蟹要從右側的樹林先通過汽車道、爬上堤防、閃避來往自行車再翻越如城牆的護欄才能到達左側的紅樹林，護欄上還貼了光滑的馬賽克磁磚，降海之路簡直像參加障礙過關搏命挑戰賽；這些車道設計完全只站在人類本位，忽略了原生動物的使用需求。

2. 正在溪流中抱對假交配的臺灣特有種梭德氏赤蛙，雖然廣泛分布，但許多棲地都面臨了嚴重的破壞。

臺灣梅花鹿的滅絕與復育

八月墾丁，正值牧草抽穗時節，雖然是人工種植作物，隨著夏日微風漫過山丘的陣陣草浪依舊充滿了濃厚的曠野風情，此時根部所吸收的能量都集中在開花繁殖，葉片的蛋白質含量較低不受畜牧市場歡迎，農民也暫停採收，這些牧草地便成了梅花鹿最佳的隱蔽場所，也是重要的食物來源。雄鹿在春天時脫落的角經過三個月已經重新長成，外表還覆著茸皮，但內部的結締組織已開始慢慢骨化，等到血管停止供應養分，茸皮逐漸乾裂剝落，雄鹿便會經常在樹幹上摩擦，除掉外皮同時砥礪新角，準備在十月左右和其它雄鹿爭奪當年的生殖權。

臺灣特有亞種梅花鹿曾經普遍生活於全島低海拔平地和丘陵，在明、清兩代的文獻、圖繪中，常可見到原住民對梅花鹿自然利用的描述，如《東番記》載：「居常禁不許私捕鹿。冬，鹿群出，則約百十人即之，窮追既及，合圍衷之，鏢發命中，獲若丘陵，社社無不飽鹿者……窮年捕鹿，鹿亦不竭。」在部落傳統約制下的生活狩獵，即使「獲若丘陵」千百年來也從未造成梅花鹿的族群消亡或失衡。

直到十七世紀荷治時期，東印度公司向原住民大量收購鹿皮外銷日本等地，其中也有水鹿皮，但主要還是梅花鹿，根據曹永和《近世臺灣鹿皮貿易考》，在荷治及明鄭時期每年約出口三萬張鹿皮，由於過度捕獵，至康熙年間已減少至九千張，雍正以後更少，這是臺灣自然史上梅花鹿首度遭逢的大劫難，百年間估計至少外銷了數十至上百萬張的鹿皮。荷蘭人離開後，三百多年來隨著大量移民渡海墾拓，平地、丘陵和臺地開始快速田園化、城市化，棲地消失加上獵捕壓力從未稍停，使梅花鹿再次面臨了更大的生存危機，終於在一九六九年臺東的獸鋏捕獲一隻幼鹿後，臺灣土地上未曾再發現野生梅花鹿的蹤跡。

幸而日治時期在臺北動物園留存了一些梅花鹿種源，經過東海大學和臺灣師範大學生物系持續十年的研究調查後，一九九四年起在墾丁陸續野放了十四次共兩百三十三隻梅花鹿，至今已繁衍大約兩千隻，活動範圍也早已超出復育區而擴及恆春半島各處，其中以社頂、籠仔埔、水蛙窟的族群最為密集活躍。復育成功固然可喜，想來卻也是悲哀，如果能提早警覺、立法保護，留下野生動物得以棲息繁衍的自然環境，或許不需要等到野外滅絕後再耗費大量的時間、人力與資源進行復育了。

目前農委會和墾丁國家公園仍持續針對梅花鹿的種群是否飽和、造成農損問題、影響原生植被以及身份認定等追蹤研究。尤其「身份」是個經常被提出討論的議題，臺灣梅花鹿壽命約二十年，也就是目前野外的個體絕大部分應該都是自然繁衍，但牠們依舊未能受到《野生動物保育法》的保護，即使近年經過分子比對，其基因和四百五十年前相同也未受外來養殖鹿種污染，但在農委會的資料中梅花鹿目前依然是「家畜」而非野生動物。

鑑於墾丁復育的成功，也有人希望能將梅花鹿引進北部陽明山國家公園，但野放絕非只是將動物放到荒山野外，而是必須在科學調研下謹慎為之，如鹿科動物對當地原生植被的影響就必須慎重評估。一九九八年五月，農委會在澎湖四角嶼無人島試行野放不適宜回歸臺灣山林的獼猴，一方面是為了解決屏東「野生動物收容中心」猴滿為患的問題，另外也想和澎湖縣政府合作推行「猴島觀光」，當時還由縣長親自打開籠子讓「風櫃一號」成為第一隻登陸澎湖的獼猴，但這座海島灌叢稀疏、植被低矮的環境和獼猴在臺灣本島的原棲地生態完全不同，加上天然食物及水源嚴重不足，每個星期都必須以船運補充，而被質疑根本是「四角嶼野生動物園」，最後更因為獼猴攻擊了登島採蚵婦女而引起當地人強烈抗議，三年後這項「野放」計畫宣告失敗收場。

1	2	7
3	4	
5	6	

1. 曾經有數十萬頭梅花鹿像這樣在臺灣的低海拔平原和丘陵上自由生活著。

2. 每年十月前後，進入繁殖期的成年雄性梅花鹿叉角已經完全骨質化、毛色變深、體格壯碩、臉部前段轉為黑褐色，頸部和胸前也會長出密而長的白毛，為隨時可能遭遇的挑戰牴鬥做好準備；此時的雄鹿經常會發出鳴叫聲，除了吸引異性，也向其它雄性宣示自己的領域。

3. 八月，盤固拉牧草開花時節，雄鹿新生的角逐漸長成，外表還覆著茸皮，內部的結締組織已慢慢開始骨化。

4. 非繁殖期的梅花鹿，明顯會分為「母鹿與小鹿群」和「雄鹿單性群」。

5. 冬季繁殖期，由牴角爭鬥獲勝的單一雄鹿和雌鹿及小鹿所組成的生殖群。

6. 梅花鹿的未來是日出前的滿天紅光，還是夕陽西下而漸漸隱沒，仍然要看臺灣島上最強勢的哺乳類怎麼做。

7. 從空中俯瞰雲嘉南平原，已經完全沒有任何自然地貌，人類開墾田園使野生動物棲地消失才是臺灣梅花鹿野外滅絕的主要原因。

石虎會吃我們的雞，為什麼要保護

雖然明知「棲地消失」才是造成梅花鹿野外滅絕的主要原因，但人們顯然沒有能夠記住這個教訓，為了經濟發展、為了自己更舒適的生活，從未停止對野生動物棲地的侵佔。這兩年因為路殺、犬殺和光電「綠能」準備毀林發電等問題，就讓動保界憂心石虎可能將步上梅花鹿後塵，從臺灣的野地上消失。除了已經走入山林傳說在煙雲渺茫間無處可尋的雲豹之外，石虎是臺灣僅存的食肉目貓科野生動物，研究估計全臺僅剩約五百到七百隻石虎，然而一般人對石虎的印象和關心程度卻可能僅止於搭乘集集線「石虎號」彩繪列車拍照打卡上傳朋友圈。

覬覦石虎棲地的並不只有光電場，各項大型工程如營造業、石化業、汽車廠、科技園區、體育休閒娛樂、殯葬業者、道路建設……都在等著政府點頭通過環評，就準備大肆砍樹挖山；這當中還不包括無數切割成小面積開發以規避環評的度假別墅、露營區和休閒農園。生活在新竹、苗栗、臺中、彰化至南投淺山丘陵地區的石虎，由於棲地遭到人類侵占而支離破碎，經常必須冒險穿越道路跨區覓食，除了容易遭到車輛撞擊導致傷亡，也常發生幼獸掉落公路邊溝受困的情況（如果發現掉落邊溝的幼獸請千萬不要急著送往野生動物救傷站，應該先退到遠處觀察狀況，石虎媽媽或許只是暫時躲避人類，通常也有能力幫牠脫困），在「經濟」和「保育」的拉鋸中石虎根本沒有投票和發言權，只能被動等待人類宣判牠的命運，最後只好出現在公路上「以死抗議」；然而你可能不知道，人類造成石虎意外死亡最主要的原因竟然還不是路殺。

二〇二一年八月，在一場關於苗栗銅鑼光電場開發案的記者會上，有贊成開發的村民到場表示：「石虎是有害動物，牠會吃我們的雞，為什麼要保護呢？……你們不如去保護一隻貓！」這些話聽來也許刺耳，但無論背後動機為何村民說的畢竟也是實情，如果保育團體只把說話的人當成資方或利益團體刻意找來鬧場轉移焦點的打手，雙方將永遠站在對立面而毫無交集，保育行動也很難獲得當地村民的支持；當然保育團體其實很早就注意到了這是推動守護石虎棲地能否成功的關鍵之一。

隨著三百多年來移民從平原往淺山開墾，石虎的生活範圍早就已經和人類高度重疊，只是近數十年因為各種經濟開發和道路建設而使棲地碎塊化問題益形嚴重，覓食不易的石虎也更加容易往人類生活區域尋找機會，對牠們來說怎麼可能區分家禽或野生動物，只要能到口的都是獵物。雖然侵入雞舍的也有可能是流浪犬貓或其它野生動物，但幾乎所有帳都算到了石虎頭上，少數不堪損失的農民被迫採取了極端的防護手段，在雞舍四周設置非法獸鋏甚至投放毒餌，由於這類人為傷害存在許多黑數，學者調查估計每年因為「雞舍衝突」而死亡的可能就有二十到五十隻，比路殺個體還多，如果不能解決這項「人虎衝突」，不但無法避免石虎傷亡也恐怕很難讓農民對石虎有好感。

二〇一七年十月，在生態學者「石虎媽媽」陳美汀號召下，成立了「臺灣石虎保育協會」，除了調查研究、推廣教育、監督政府與企業在石虎棲地的開發案之外，隔年底協會決定發起募款並徵集志工協助農民改善雞舍，當有農民通報雞隻遭到捕殺，經過紅外線相機監測確定有石虎侵入的問題，再進一步訪談瞭解雞舍情況並徵詢農民合作意願後，就會免費幫忙架設圍網。第一階段計畫已經在二〇二一年五月順利完成，總共幫苗栗地區一百三十五戶農民改善了雞舍，目前新的計畫仍持續進行中。

這項改善工程除了能夠解決農民損失問題並減少陷阱、毒餌，也讓無法進入雞舍的石虎重回野外捕獵，更重要的是在過程中可以得知更多人類與石虎接觸的經驗，深入瞭解石虎棲地裡的居民想法和需求，這些都可做為將來擬定保育計畫的重要參考，另外透過實質協助化解了農民與石虎的衝突，也使他們對保育工作能產生好感，從阻力轉而成為助力。

請勿攀爬或翻越
野生動物友善通道

1	1	6
2	3	
4	5	

1. 國道三號通霄一號跨越橋，臺灣第一處高架生物廊道，將三分之一路面改為適合野生動物隱蔽通行的環境，並在高速公路兩側分別架設了一八二六公尺防護網，避免野生動物直接穿越。

2. 跨越苗栗老庄溪的「野生動物友善通道」。不當溪流整治使護岸水泥化、峭壁化，導致野生動物棲地被切割得更為支離破碎，這類「友善通道」能補救的畢竟有限，未來如何施做友善生態護岸才是根本改善之道。

3. 苗栗竹森社區舊名貓公坑（當地客家人稱石虎為大貓公），以保育石虎、友善生態的無毒耕作而獲國家環境教育獎，但仍不敵經濟開發而面臨石虎棲地被光電場佔領的問題。

4. 臺灣石虎保育協會發起募款並徵集志工，協助山區農民改善雞舍以化解「人虎衝突」。

5. 石虎媽媽陳美汀指導協會人員架設紅外線監測相機，長期追蹤研究石虎生態。

6. 「拯救臺灣石虎爺」全民募資計畫，二〇二二年三月完成改善第一六四戶雞舍。

臺灣的山貓森林

另外也有一群關心石虎的人，則是以集資購買保育棲地的方式希望為石虎和野生動物留下安定的家園，這個理想在土地昂貴的臺灣的確並不容易。在臺中文山社區大學教原生植物的吳金樹老師，眼見家鄉快速開發，大肚山上許多原生植物棲地都已遭到破壞，雖然想購地保護但熱絡的房產市場已經把地價炒作得太高，二〇〇四年正好得知苗栗有塊待售丘陵地，他決定自掏腰包買下，並且讓它慢慢荒化成為適合野生動植物生存的自然野地，從此開始了購地保育之路，同時一個更大的理想也在心中逐漸醞釀成形。

由於個人財力終究有限，二〇一四年他找了十多位志同道合的友人集資在苗栗買下兩塊廢耕丘陵地，希望能仿效日本龍貓森林保護生態的成功經驗，以石虎的俗名山貓命名為「山貓森林」，這群發起人也打趣自稱「山貓幫」，不是幫派而是「幫忙」山貓；大家都知道土地真的很貴，但現在不做將來更難，倒不只是錢的問題，而是必須在生態遭到破壞前擋下。經過紅外線相機監測，這片「荒地」一點也不荒，不但真的有石虎，還有山羌、白鼻心、穿山甲、食蟹獴、鼬獾、臺灣獼猴、食蛇龜、藍腹鷴等許多野生動物。幾年後他又貼上老本再加貸款獨資買下了「山貓森林獅潭園區」，買下這些森林除了保留生物棲地，也希望可以降低周邊土地遭到開發的可能性，對此吳金樹有個非常生動有趣的比喻：「相對於大自然，我們買下的土地只是一粒芝麻，但是芝麻多了也可以保護燒餅。」

二〇一九年九月山貓幫買下了原本建商預定開發為高爾夫球場的八處森林多筆土地編為十一號到十八號山貓森林，也決定讓更多人有機會參與保護行動，以森林所在的南河國小北河分校為名擬定了「山貓森林北河園區計畫」透過網路社群粉絲頁傳播，開放給理念相同者認股但要經過審核，並且為了實踐公民參與精神還限制每人最高認股數，至二〇二一年十二月中「北河園區計畫」順利完成；吳金樹表示，山貓森林的重點並不只在於保育石虎或多少動物，而是希望能帶動人們關心並保護「臺灣的淺山生態系」，因此山貓幫成員也已經展開苗栗後龍海岸的生態保護計畫，未來將逐步擴及全臺灣。

目前加入山貓森林的社友愈來愈多，集合眾人之力已買下了七十六筆土地共十二萬四千多平方公尺，也正在進行面積更大的「山貓森林枋寮坑園區計畫」。每筆土地都有數十到上百人以「公同共有」且承諾不提出分割的方式登記成為所有權人，參與其中的朋友告訴我，這是在目前法規下最理想的方式：「雖然每個人都是地主，但是因為產權分散所以都無權作主，只有山貓和大自然才是這些土地真正的主人。」

早期山貓幫購地之後除了生態監測外原本都是儘量不介入，採取自然演替「無為而治」的策略，雖然大自然把自己經營得很好，但豐富的生態卻也引來了別有居心的盜獵、盜採者偷偷潛入，因此在山貓森林逐漸擴大也穩定發展後，團隊決定開放部份適當區域改為人與自然和諧共處的「里山倡議」管理模式，成立了「山貓森林學校」，經常邀請專家指導在北河、枋寮坑兩處園區辦理限定人次的「森林日」生態教育活動如古道踏查、復育原生動植物、螢火蟲季、取材自然的傳統生活智慧學習……等，除了嚇阻非法侵入者，也希望更多人能夠體驗到與大自然相處的快樂。

目前山貓森林和林務局的「國土生態綠網」已有密切合作，也預定朝向成立基金會的目標發展，對於是否轉型為環境信託方式，吳金樹表示不排除任何可能，但臺灣到目前為止也只有「自然谷」一個信託案例，顯然政府和想要推動信託的公民團體都還有很大的努力空間。至於未來，人總要退休交棒給下一代，除了按計畫完成階段性目標，將來甚至也不排除在適當條件下把所有土地捐給國有財產局成為保安林和「生態綠網」的一部份，關於這點所有成員及贊助者也都有共識。

銅鑼交流道 3
FREEWAY
銅鑼科學園區 4
Tongluo Science Park
13 三義 7
Sanyi
當心動物
減速慢行
野生動物
出沒注意
WATCH OUT FOR WILDLIFE
當心動物
減速慢行

1	2	3
4	4	
4	5	

1. 除了保留自然荒化棲地，山貓森林也開放部份適當區域改為人與自然和諧共處的「里山倡議」管理模式，成立了「山貓森林學校」，經常邀請專家指導，辦理人數限定的「森林日」生態教育活動。（圖：山貓森林提供）

2. 山貓森林，以開放參與的公民信託精神為野生動植物留下自然棲地。每個人都是地主，但是都無權做主，只有山貓和大自然才是這些土地真正的主人。（圖：山貓森林提供）

3. 二〇二一年十二月，山貓森林第一階段北河社守護棲地計畫圓滿慶成。在四百多位山貓社友協力下，把原本建商預定開發的基地轉變成了臺灣淺山生態系保護區。（圖：山貓森林提供）

4. 生活在新竹、苗栗至南投淺山丘陵地區的石虎，由於棲地遭到人類開發而支離破碎，經常必須冒險穿越道路跨區覓食，除了容易遭到路殺，也常發生幼獸掉落公路邊溝受困的情況。圖為苗栗縣在石虎路殺熱點所設立的交通告示牌，不過這類告示並沒有積極的保護功能。

5. 三義火炎山是石虎最重要棲地之一，山腳的一四〇縣道則是許多大型車輛往來交通要道，經常發生路殺而被稱為「石虎死亡公路」，二〇二〇年已在火炎山明隧道兩端架設防護網，引導石虎由隧道上方往來火炎山與大安溪床。

許一個公民信託的未來

公民信託運動始於英國，一八九五年一月十二日，出身貧困的社會改革慈善家歐塔維雅．希爾、律師羅伯．韓特和牧師哈德維克．榮斯利共同在當時《公司法》體制下發起成立了「國家歷史名勝或自然美景信託」組織（簡稱：國民信託），三人在各自領域都有長期保護文化資產的經驗，信託基金宗旨為「永久保護全國具有歷史價值和自然美景的土地與建物」，第一處保護的建築是一幢以象徵性十英鎊購置建於十四世紀的牧師寓所，據說協會的「橡樹葉」標誌正是來自其檐口木雕裝飾圖案。不過此一信託組織的活動範圍從成立至今都僅限於英格蘭、威爾斯和北愛爾蘭，並不包括蘇格蘭，後者在一九三一年另外成立了「蘇格蘭國民信託」；英國另外也還有「野生動物信託」和「皇家鳥類保護學會」等自然信託。

擔任首屆主席的羅伯．韓特出身律師，深知這項信託如果不能得到皇家憲章法案明確保障將很難穩定發展，因此在一九〇七年起草了《國民信託法》提交英國議會並在當年八月獲得通過，這也是全世界第一個專法，其中最重要的內容包括第二十一條規定信託資產可指定「永久不得轉讓」，除非經過國會同意政府也不可強制徵收，這一點讓許多捐贈者放心將重要資產託付給基金會。而在稅制方面，一九一〇年起國民信託所有的資產一律免稅，也讓當時靠各界捐贈維持的基金會減輕了許多壓力；一九三七年修訂的「保存協議」則是讓信託方式有了更大的彈性，具有自然或文化價值的土地、建物所有人可以和基金會簽訂協議，只要不進行開發、破壞或改變外觀，將來身故時免徵遺產稅而後代仍可繼續居住使用。

英國「國民信託」不但是全世界最早也是目前最大的同類型組織，至二〇二〇年已有五百九十五萬付費會員、一萬四千名員工，同時在「只進不出」的發展下也已成為英國最大地主，擁有超過二十五萬公頃土地、七百八十英里海岸線和四百多處歷史建築，除了別墅、花園、城堡、古蹟遺址、燈塔、教堂、工廠、農莊，建物附屬的家具、圖書文獻、藝術收藏品，以及山林、湖泊、沼澤、海岸等自然地景，協會也受贈或購入了一些具有特殊意義的建築如作家蕭伯納、披頭四成員約翰·藍儂、保羅·麥卡尼等名人舊居；而這些都是屬於全英國人民所共有，永久不得轉讓的自然與文化資產。

美國從一九五〇年代開始各州為環境保護而發展的「保育地役權」設計和英國環境信託的「保存協議」有異曲同工之處，一九八一年聯邦也通過了《統一保育地役權》法案，立法細節各州不盡相同但其精神和目的則相似，對於有特殊保育價值的土地，所有權人可以和信託組織協議達成不開發、不破壞等各種附加限制或義務但仍保有土地所有權，而獲得來自政府與信託組織的損失補償價金或稅賦抵減，也可以將地役權捐贈給政府而獲得稅賦減免等。臺灣的《民法·物權編》已將地役權一詞修訂為「不動產役權」，但仍然只是關於相鄰土地房屋間的通行、汲水、採光、眺望、電信等使用權利；目前為止並沒有其它推動環境保護最重要的役權協議信託及補償措施或稅賦優惠等相關法令。

日本的公民信託行動始於一九六四年，神奈川縣鎌倉市居民為了避免家鄉遭到破壞，在作家大佛次郎等人參與下集資買下了大谷地區預定開發的土地，也由此催生了日本各地的公民信託意識和行動。近代最著名的公民信託運動則是「龍貓森林」，埼玉縣所澤市狹山丘陵，雖然在一九五一年就已指定為自然公園，但周邊開發並未因此停止，也曾有砍樹建造大型遊樂區及濫倒廢棄物等問題；直到一九八〇年早稻田大學預定在狹山設立分校，正好引爆了當地居民長久以來的憂慮，擔心此舉會加速帶動周邊開發而對環境帶來重大衝擊，因此成立了「關於狹山丘陵自然與文化財聯絡委員會」和「推動狹山成為市民森林」兩個環保組織，展開長期抗爭請願；一九八六年埼玉縣政府、早稻田大學和環團三方達成協議，同意早稻田設立分校，埼玉縣知事公開宣布保護狹山丘陵，並由環團提出保育方案。

圖右的芳苑、大城海岸當年因為全民認股守護白海豚，成功擋下了國光石化，也曾在二〇〇九、二〇一二年兩度獲得「國家重要濕地評選小組」評為重要濕地，由於二〇一五年《濕地保育法》公布後必須重新送審，但內政部迄今未開會審議因此無法獲得指定為國家級濕地，目前又再度面臨光電和風電場開發計畫的威脅。

原本環團計畫設立以「雜木林博物館」為主的教育基地，正好一九八八年宮崎駿的動畫作品《龍貓》上映後獲得了極高的評價與迴響，環團也趁著電影熱潮徵得宮崎駿和吉卜力工作室授權合作，聯合埼玉縣野鳥會在九〇年四月共同發起成立了「龍貓的故鄉基金會」以「狹山丘陵正是全片靈感的來源也是龍貓的故鄉」為宣傳展開募款，預定買下狹山丘陵保護區周邊土地交付信託以免再有變數，讓這片土地成為人類與自然共有的永久財產。募款活動得到了關心環保者和各年齡龍貓迷的支持，隔年便買下了「龍貓森林一號」土地，此後仍陸續收到來自海內外的捐款，至二〇二〇年底，龍貓基金會累計獲得九億五千八百萬日圓捐款和多筆無償捐贈土地，也登錄了「龍貓森林五十五號」；而基金會也按照「里山」精神管理所有的龍貓森林。

二〇一八年狹山丘陵全區域獲得日本環境省指定為五百處「生物多樣性保存之重要里地里山」之一，「里山」為日文名詞，意思是人類居住的聚落尤其是郊野農村（里）和周邊自然地景（山）的複合環境。二〇一〇年十月聯合國生物多樣性大會在名古屋舉行，主辦方日本提出了「里山倡議」為主題，目標包括維護生物多樣性、重視並保存傳統知識與文化、避免環境超量承載、循環使用自然資源、永續的生產與生態等，主要在於追求人與自然和諧共生的長遠關係，「里山倡議」一詞和其概念近年也常被中文環境保育活動所引用。

臺灣的公民信託運動

臺灣也因為保護瀕危的「中華白海豚」而差點促成公民信託，二〇〇八年國光石化公司原訂在雲林設廠的環評未通過後轉往彰化大城芳苑，行政院並配合宣布在大城海岸興建工業區為「國家重大計畫」以規避相關限建法令。二〇一〇年初據傳國有財產局將以每平方公尺一百元的價格出售大城海岸兩千公頃灘地給國光石化填海造陸興建輕油裂解廠，而這段海岸正是僅存不到一百隻的中華白海豚臺灣西岸族群重要棲息地，消息傳出立刻引起彰化當地以及全臺灣許多環保團體的抗議，也由此展開了一連串的全民守護生態行動。四月十二日環團聯合發起募款購地保護白海豚計畫，第一階段預定以每股一一九元募集兩百萬股的認購意願書，向政府提出購買兩百公頃土地的公益信託申請，當環團在七月七日向內政部提出「濁水溪口海埔地公益信託」購地申請後，內政部雖然表示願意擔任信託案主管機關但又把皮球踢給地主國有財產局，要求應先取得國有財產局同意讓售的文件才能進行公益信託審查，而當然國有財產局就是一搭一唱扮了黑臉表示公有地「無法」賣給民間信託，環團和所有股東最後並沒有能夠成功購地。

但這項臺灣首度喚起大規模公民參與的環境信託運動仍是成功的，二〇一一年四月二十二「世界地球日」當天政府宣布國光石化退出大城濕地。經過這次信託活動也讓參與環團之一的荒野保護協會決定加速推動，積極尋找可能促成的信託案，希望國人更為瞭解環境信託的精神和意義，同時也可以在實踐過程中找出在臺灣推動環境信託究竟還有哪些需要面對的問題，就在同一年正式完成了臺灣環境運動史上第一個公益信託案例。

二〇〇六年，三位荒野保護協會的伙伴吳杰峰、吳語喬、劉秀美集資購入新竹縣芎林鄉鹿寮坑一片人為開墾後荒棄的次生林山坡地，命名為「自然谷」，在保護白海豚活動啟發下三人決定將半生積蓄買下的自然谷交付信託成為永續環境保育基地，二〇一一年六月一日與荒野保護協會簽訂公益信託契約，寫下了臺灣環境信託的第一頁，這也是荒野在一九九五年創立時就訂下的宗旨之一「透過購買、長期租借、捐贈或接受委託，取得荒野的監護與管理權，將之圈護，儘可能讓大自然經營自己，恢復生機」；在實驗性的三年短期約滿後，二〇一四年委託人再與環境資訊協會簽訂了永久效期的公益信託，環資協會在二〇〇〇年成立之初就是以推動臺灣的環境信託為主要目標。然而在踏出公益信託第一步十年後，「自然谷」

仍是臺灣唯一的環境信託案，主要就在於至今依然缺乏真正有利於推動「環境信託」或「公民信託」的法規。

雖然臺灣在一九九六年就已公布了《信託法》，但現有的法條主要是早期針對金融鈔券或財產為主的設計，信託業者也都是銀行等金融機構，雖然在第八章有「公益信託」相關條文，但很多時候「公益慈善」反而只是某些富人或財團藉以合法操作資產避稅的工具，對於真正想要推動自然保育或守護文化資產的公民團體而言依舊困難重重，比如受託管理自然谷的環境資訊協會就無法成為「信託業者」，委託人、受託人以及土地也都沒有稅賦優惠。環團和許多關心自然保護及文化資產的朋友們一直期望著，即使不能參考歐、美、日本制定「公民信託」專法，也希望至少能針對自然與文化資產信託增訂專有的條文，以及修改《所得稅法》相關的稅賦優惠等。

尤其許多關鍵核心問題，如公民信託最重要的內容「信託財產可指定永久不得轉讓」，在土地資源稀少的臺灣想要修法通過恐怕就充滿了變數，而「除非經過國會同意政府不可強制徵收」這道防線在代議政治仍未臻成熟的臺灣大概也形同虛設，或許應該改為「除非經過全民公投同意」政府不可強制徵收，才有實質功能也更符合信託物為全民共有的精神。為今也只有持續推動自然教育，讓人與環境和諧的自然觀深入更多人尤其是下一代孩子的心中，期待真正「於法有據」不再被各種規定縛手綁腳的環境公民信託在臺灣能儘快實現。

	1
	2

1. 中華白海豚太平洋各群之間幾乎都只在近岸小區域洄游而互不往來，臺灣的種群估計僅剩五十隻左右。

2. 一隻白海豚露出水面的背鰭，在彰濱工業區巨大的風機葉片下顯得更渺小而無助。

回到簡單的初心

幫墾丁、綠島或淡水河陸蟹過馬路，標放調查紫斑蝶並協助牠們飛越危險的高速公路，讓大山背青蛙安全到溪裡繁殖，改善雞舍化解農民與石虎的衝突問題，或是集資為野生動植物買下自然棲地……這些活動真正的重點並不在於有多少人次參與、留下了幾片土地、幫助了多少動物，或改善的比率如何，而是感動了多少人心。孟子說：「徒善不足以為政，徒法不足以自行。」雖然說的是政治，但這句話也同樣適用在生態保育上，完備的法律和良善的人心，都是守護環境重要的關鍵。

雖然在追求經濟成長指數的大環境下，要推動環境保護和自然教育始終並不容易。記得在荒野保護協會成立之初，徐仁修老師說了一個「和尚蓋廟」的故事：老和尚想蓋廟，需要一百萬元，有個富人知道後願意獨捐一百萬。老和尚說：「謝謝！請你捐五十萬元就好，我希望另外有五十萬人捐一元，因為那代表了還有五十萬人知道並且支持這件事情。」涓滴成流，以至江海，自然教育需要的絕不只是組織和經費，還有人心，如果能力足夠，你當然可以是那五十萬元的支持者；而多數人和我一樣，我們也絕對可以成為那五十萬人的支持者，在各自的角落上努力著，也把握每一次機會引導人們在自然中找到自己。

每個人心裡其實都住著一個天真無邪、在大自然裡快樂玩耍的六歲孩子，只是在現代化、社會化、複雜化的生活裡漸漸隱沒了，即使今天人類演化進步之路再也難以回頭，如何尋回兒童般簡單的初心，仍是人與自然能否重新回到和諧關係最根本的關鍵。人類並沒有能力「修復」受傷的自然，只要懂得適時退讓、減少複雜而過多的慾望，只要彼此留下足夠空間，大自然就能修復自己，讓人類賴以為生的地球回到健康狀態。

每個人心裡都住著一個天真無邪、在大自然裡快樂玩耍的孩子，只是在現代化、社會化、複雜化的生活裡漸漸隱沒了。

在每個孩子心裡種下一顆喜愛自然的種子，也種下了人與自然和諧相處的未來。

1	2	9	10
3	4	11	12
5	6		
7	8		

1. 春末夏初，盛開在北海岸的臺灣百合。
2. 臺灣鈍頭蛇的食性非常特殊，以捕食有肺類蝸牛、蛞蝓等陸貝為主。
3. 山椒魚和櫻花鉤吻鮭一樣是臺灣的冰河期孑遺生物，圖為觀霧山椒魚。
4. 二〇一四年意外到訪金山清水濕地的小白鶴，帶來了許多「人與自然」的省思和改變。
5. 韓國繫放的 K69（左）和 S26（右）黑面琵鷺，許多候鳥都有「戀地性」，這個黑面琵鷺群每年固定在宜蘭渡冬。
6. 高山沙參。海島隔離加上垂直高度差異，在臺灣演化出了許多美麗的植物。
7. 黑點捲葉象鼻蟲，正在捲臺灣朴樹葉片製作育兒「搖籃」。
8. 長鬃山羊，又名臺灣鬣羚，臺灣唯一的牛科野生動物。
9. 每年夏天，彩鷸常在一期稻作收割後的田裡求偶繁殖，猜猜哪一隻是雄鳥？
10. 招潮蟹生活在河口紅樹林潮間帶，雄蟹有特化的大螯足，圖為弧邊招潮蟹。
11. 翠斑草蜥，二〇〇八年才發表的臺灣特有種蜥蜴，僅侷限分布於臺灣北部。
12. 長相可愛的黃喉貂其實是食肉目猛獸，會群體合作捕獵體型比自己大的山羌，俗稱「羌仔虎」。

地球並不是人類的私有財產，我們在追求自己舒適生活的同時，更應時時記得與臺灣島上所有美麗的生物共享家園。

05

【終章】

換位思考，共創三贏

化阻力為助力，只在轉念之間

只要提到在保護區或周邊蓋商業休閒設施，絕大多數人幾乎都會先打上大問號，既要開發建設又要保護自然，可能嗎？從「黃金海」到「美麗灣」，多年來在臺灣這類失敗的例子實在不少，很多在公部門支持下挾帶雄厚資金的外來投資者往往只算計著如何以漂亮的計畫快速通過環評，怎樣從單位土地上榨出最高獲利，甚至認為只要花錢就能疏通從中央到地方的阻力，而輕忽了居民的對話和參與，以及當地人對原生環境的情感，政府、商人、居民三者間幾乎難有交集，而大自然經常是最後的輸家。如前幾年臺東「美麗灣」開發案經過漫長對立、抗爭與訴訟後，投資者黯然撤退，原本平靜的海岸則已經遭到實質破壞，贊成與反對開發的居民也因而撕裂，臺東縣政府判賠以數億元公帑買下了突兀在海邊的酒店建築，究竟該拆該留或如何處理，又是另一個爭議的開始。

我認識幾位朋友，在廣東某自然保護區周緣的「旅遊區」蓋了一座生態度假酒店，邀請擅長以竹子做為主材料在國際間獲獎無數的哥倫比亞建築師西蒙．貝雷茲規畫設計，參考當地客家傳統元素和工法，以竹木土石等建材配合地勢修建了一些融入環境的低密度小屋，入口處大跨距的風雨竹橋除了獲得「美國景觀設計師協會」獎也被西蒙．貝雷茲選為個人重要代表作之一。園區內搬運物資和接送住客全部採用電動車輛，也興建了污水截流處理系統，近年還修築了一條讓遊客「腳印不落地」的高架原木棧道，可漫步其上觀察豐富的亞熱帶季風氣候原始林樹冠層生態。

但我覺得酒店最成功的並不是這些友善環境設施，而是他們的經營策略。員工百分之九十五僱用當地人，除了增加在地工作機會也降低了流動率和重新培訓成本，同時節省了外地員工所需的交通和住宿等支出；餐廳食材主要來自輔導當地農民契作的無農藥栽培，由大廚推出當季無菜單料理；最特別的是開設了許多培訓課程，讓有意願加入的村民成為自然講解員，由酒店支付講師費請村民帶領

	1
	2

1. 工作人員百分之九十五聘僱當地人，餐廳提供的無菜單料理主要來自附近農民有機契作，讓居民參與其中共享獲利，是酒店能夠成功重要的關鍵。

2. 酒店範圍內隨手拍的山村鄉野植物，因為不噴殺蟲劑，所以植物上常有各種動物食痕，圖中海芋（姑婆芋）葉片上的圓孔是被錨阿波螢葉甲先咬斷毒液輸送管再啃食的痕跡。

住客體驗仍保留原始風貌的山林步道和溪畔小徑，介紹自己的家鄉。

有一次我和村長探訪當地自然步道，一路上他總是非常熱情的介紹花草樹木，或是針對某些植物提出討論，大概也想藉著這次同行可以更加強化自己的講解功力吧。那些來自培訓課程和書本、網路所學的內容的確非常精彩，有許多我甚至不如他那麼深入瞭解，還有些本地植物是我根本不認識的，不過我對村長說：「雖然多識草木鳥獸之名的確可以讓人感覺與自然更親近，但最精彩的講解並不是把生物課本搬到室外，現在有很多手機應用程式不難查到植物的名字，而且聽了那麼多名詞其實參加者五分鐘後大概也忘光了，他們應該更有興趣的是這些動物、植物的本地俗名，有哪些在日常生活和年節慶典等特殊場合會用到，或是小時候拿來玩遊戲……還有大家從小在山裡生活的經驗和有趣的故事，這些才是來自城裡的人從書本和網路上絕對看不到的。」介紹自己的家鄉，絕對比介紹動、植物更有意思，也絕對讓村民講解員更感到驕傲。

在低密度、低污染開發下，酒店範圍和周緣的山野溪流生態維護得非常好，常吸引了許多自然愛好者前往探訪，前兩年有幾位熱愛自然的好友在附近山裡記錄到了豐富的動、植物，包括一些當地特有的物種，後來在酒店支持下花費一年時間拍攝了一部生態紀錄片，在第九（紀錄片）頻道上公開播映後引起了很大的迴響，尤其是片中紅外線攝影機拍攝到斷腿瘸行的麂子，更讓人感受到非法狩獵對大自然所造成的傷痛。因為友善環境的設施、保護生態的努力，加上與原居民互利共生的和諧關係，這座酒店獲得美國國家地理評選為「世界五十生態度假村」之一，儘管收費並不便宜，但想要入住還得提前預約。

雖然這樣的經營方式並非實質的「居民入股」，但理念上也已經是了，我相信最關心酒店營運績效的絕對不是投資人，而是參與其中共享獲利的當地人。商業經濟與自然生態是必然「衝突」還是可以「共存」，投資者和居民的關係是「對立」還是「互利」，關鍵就在於投資者能不能以在地人的立場換位思考、用「心」對話；如何保護並善用在地生態與文化資源，如何化解不必要的衝突，讓可能出現的阻力成為助力，一切都只在轉念之間。「資方的心態和想法很重要，絕對不是把工作給居民，而是一定要請居民幫助才能成功。」我的朋友說出了他在建構時的初心。

可惜這些理念直到今天在當地還是少數，早年旅遊區規畫時還沒有什麼環境與人文意識，當地絕大多數度假村和酒店都已經是算計著投資報酬比的高建蔽率水泥建築，主要集中開發的小鎮上甚至還可見到賣野味的攤販，餐館菜單裡也有和「生態旅遊」感覺格格不入的養殖花翼（金背鳩）、養殖芒鼠（大竹鼠）燒臘，紀念品和特產店則是和所有景區一樣的工廠批發貨；尤其公部門管理經營的「國家森林公園」景點更是過度水泥化。不過最近也有一些老朋友成立了十多年影響力非常大的自然保育非政府組織決定在這處「最需要自然教育」的地方成立了自然學校，只希望在更多有心人的努力下能慢慢帶來改變，往好的方向發展吧。

建築師西蒙．貝雷茲選為個人畢生重要代表作之一的風雨竹橋。

既要維護生態也要賺錢，可能嗎

位於婆羅洲沙巴山打根的戈曼東森林保護區，是由石灰岩丘陵、泥炭沼澤和龍腦香科植物為主的低地森林組成，此地因為有許多珍稀瀕危樹種而在一九八四年指定為保護區，也是侏儒象、紅毛猩猩和巽他雲豹的重要棲地，不過真正讓戈曼東聞名於世的卻是燕窩，許多市售燕窩都會宣稱來自「戈曼東」而訂出比一般產品更高的價格，單是這點就足夠引人好奇，難道戈曼東只保護森林和哺乳類，不保護天然岩洞裡築巢繁殖的金絲燕嗎？

保護區內的戈曼東丘陵是京那巴當岸河下游最大的石灰岩露頭，戈曼東岩洞由九個洞穴系統組成，其中只有距離管理處入口步行約十分鐘路程的洞穴對外開放，此洞金絲燕築深色燕窩，當地人稱為「黑洞」，另一處位於黑洞後方陡坡需攀爬三十分鐘的「白洞」規模更大但不對外開放，洞中金絲燕築淺色燕窩。黑洞內部高約四十至六十公尺，岩壁高處棲息著許多雨燕科金絲燕屬的鳥類，和大約二十八萬隻皺唇犬吻蝠，另外還有蟑螂、蚰蜒、蟹類等小生物，以及前來撿拾墜落雛鳥或幼蝠的蛇。金絲燕白天活動，蝙蝠則在傍晚時分出洞覓食，此地雖然不像砂拉越姆祿國家公園有數百萬隻皺唇犬吻蝠出洞的壯觀場面，但黃昏時蝙蝠群飛而出如「飛龍在天」的景象也同樣讓人震撼。

我個人不吃燕窩，對這些金絲燕的唾腺分泌物並沒有興趣，也不想知道天然採集的「洞燕」究竟是不是真的比人工養殖的「屋燕」質量更好；來到山打根，我比較想瞭解的是為何保護區內可以採燕窩，以及在龐大商業利益下愈來愈多人集資到東南亞炒作「燕屋」對生態所可能帶來的影響。金絲燕並無法真正養殖，而是以人工建造仿洞穴環境的屋子誘引野生金絲燕入內築巢繁殖，這對天然洞穴棲息的金絲燕族群消長與生態平衡不可能沒有干擾。我曾經花了一個星期「磨」工，取得沙巴某座燕屋主人的信任，戴上防塵帽、口罩、消毒鞋底，跟著他開啟數道鐵門和防盜系統才得以一窺這項產

1	2
3	4

1. 山打根戈曼東岩洞，以出產野生燕窩而聞名，圖為「黑洞」入口。
2. 黃昏時群飛出洞的皺唇犬吻蝠，維持着雨林昆蟲數量和生態穩定平衡。
3. 山打根比魯蘭漁村水上市場，屋頂加蓋的突出建築就是燕屋，這樣的小型燕屋約需馬幣二十萬，大型仿洞穴燕屋造價動輒上百萬。
4. 燕屋是以人造環境吸引野生金絲燕前來築巢，對天然洞穴族群的消長及生態平衡難免會有影響。

業的神秘面紗，一座人造的金絲燕繁殖場竟然需要重重深鎖？是的，因為這裡與其說是繁殖場其實更像是「金庫」，在我頭頂的格板上擠滿了燕窩和守護的親鳥，等幼鳥長成離巢後，燕屋主人就可以一片一片鏟下來賣錢。

許多燕窩廣告中都會強調 CSF（集落刺激因子）和 EGF（表皮生長因子）的「神奇」修復功能，這些其實是以燕窩萃取物直接注射或塗抹在動物身上的實驗結果，而商人不會告訴你的是上述成分無論經過加熱或胃酸消化都會失去活性，也就是煮來吃根本就無效，這在許多理性討論的科學版上都能找到相關說明和依據。在另一項實驗中，對於「蛋白質偏失」的小鼠，餵食燕窩並無法改善生長停滯問題，而餵食亞麻籽油或乳清蛋白的對照組則可以改善。至於價格昂貴的「血燕」真的來自金絲燕親鳥嘔心泣血築巢嗎？二〇一八年五月美國《農業與食品化學》期刊同時登載的兩篇論文揭露了這項秘密：燕窩成分中的黏醣蛋白遇到硝酸或亞硝酸起化學作用後，就會呈現金黃、淺褐、紅色至深紅等不同程度的外觀；而硝酸和亞硝酸的來源則是金絲燕雛鳥糞便中的含氮化合物經過微生物分解所產生，還有更糟的情況是採摘後刻意使用硝酸鹽類處理的加工貨，而且無論自然產生或人為添加，這些「血燕」在硝化過程中都會殘留高量的硝酸鹽和亞硝酸鹽。

然而學術期刊曝光度怎麼可能和鋪天蓋地的商業廣告相比，根本就如蚊子叮象，難以撼動這項年產值高達五十億美元的商品市場，更何況燕窩、魚翅在全世界華人地區有這麼大的需求也不只是口味或營養問題，送禮、宴客、花得起錢、擺闊炫富……種種「心理性」的消費原因恐怕早已超過生理性的飲食需求，想要改變人們心理上對魚翅、燕窩根深蒂固的「名貴」價值和「食補」觀念，恐怕還有很長的自然教育之路要走；至於那些相信商品廣告而忽視科學報告的消費者，也只能說願意「花金價買雞蛋」是個人的自由吧。

沙巴東部的伊達安原住民數百年來都是以採燕窩為主要收入之

一，包括戈曼東、馬代、德巴東、巴圖隆、丁邦……等許多石灰岩洞都是伊達安人採摘燕窩的傳統領域，沙巴州政府將戈曼東岩洞劃入自然保護區後並未禁止採燕窩，而是由野生動物部經過科學調查研究加以規範管理，每年公告開放兩次極短期間讓持有核准證照的伊達安人可以採摘燕窩。第一次開放時間約在四月前後，金絲燕剛開始築巢而未產卵前，燕窩被採後牠們還有能力重新築造，之後便嚴格禁採，以免親鳥過度消耗體力和唾液蛋白能量導致繁殖失敗；第二次開放約在八月以後，具體時間並不由人類而是由金絲燕決定，在當年幼鳥全部長成離巢後，留在岩壁上的空巢可以全部採摘。

當然只要燕窩在全世界繼續有市場，無論採摘天然洞穴燕窩或以燕屋誘引養殖，對自然生態都不可能沒有影響，但戈曼東等洞穴納入自然保護和科學監測控管後，至少在「自然生態」與「居民生活」間取得了對各方影響最小的妥協，而且和昔日相比反而降低了金絲燕族群受到的威脅，從前此地採摘燕窩和東南亞各處一樣，常有將巢蛋甚至幼鳥推落地面強採的負面報導，如今每年三到九月金絲燕繁殖期間，本地居民為了防止有人干擾或盜採自己的「金庫」，會在洞口搭建的工作屋日夜輪班監視，反而成為金絲燕最佳的守護者。

每年金絲燕繁殖期，伊達安人在洞口搭建的工作屋日夜輪班監視自己的財產，也成為金絲燕最佳的守護者；採摘時只用圖右的簡易繩梯和竹架攀爬到四、五十公尺的洞穴高處。

人治與法治

曾經和四川的兩位好友在雪寶頂自然保護區人員帶領下走了幾段亨利・威爾遜二十世紀初探訪中國植物的路徑，其中一條是護林員經常巡守的路線，他們告訴我在翻越稜線的紮營地有機會遇見野生大熊貓，可惜我們並沒有攜帶宿營裝備只能當天往返住在山裡的藏家民宿；這裡因為有大熊貓和許多珍稀動物如羚牛、金絲猴、小熊貓、雲豹、紅腹角雉、紅腹錦雞、金鵰以及珙桐、紅豆杉、獨葉草、連香樹等植物而劃為自然保護區。

雖然我到訪的時節並非花季，也無緣和大熊貓在野外相遇，但秋天上演的自然交響曲第三樂章同樣美得讓人心醉，一路上除了偶爾穿透森林的鳥鳴聲，除了溪水和石頭輕快的對話，還有櫟樹、黃櫨、連香樹、山毛櫸……那些橙紅的、金黃的葉片在藍天映襯下搖落了滿地的陽光，讓四周冷冽的空氣也感覺溫暖了起來。我們踩著長滿苔蘚、地衣、真菌……落葉如毯的鬆軟泥地，在一片巨大的杜鵑花純林待了整個上午，有些胸徑粗壯的杜鵑倒下後繼續生長著，有些則在風雨雕刻下變成了苔蘚小森林，威爾遜當年經過時它們應該還是讓這位英國植物學家仰天驚嘆的大樹吧。亨利・威爾遜一生特別鍾情杜鵑，臺灣特有種烏來杜鵑就是他一九一八年來臺採集植物時在新店溪上游山區所發現，可惜威爾遜在北臺灣走過的那段路已淹沒在翡翠水庫裡無跡可尋。

有一天在山徑上遇到一群犛牛，牠們應該更早就察覺到異狀，遠遠停了下來聚攏成群，不斷嗅聞空氣裡的信息。因為見到牛群當中有幾隻幼犢，我們也非常小心的站定不動，以免牠們為了護幼而突然衝撞過來，我猶豫了一下還是悄悄用一萬倍的慢動作舉起手中長焦鏡頭拍了幾張記錄照，雙方就這樣保持距離互相觀望了一陣子……等到牛群調頭離開後我們才繼續前行。拍照時我注意到那些犛牛沒有穿繩也沒有鈴鐺，我問是不是野生的，朋友說：「也是，也不是。」牠們是當地藏民野放在山裡讓大自然養的，各家的牛都

1
2
3

1. 藏民野放在保護區裡讓大自然養的犛牛。

2. 藏人上山採藥，在保護區設立前已經傳承了千百年。

3. 在自然保護區內維持著傳統生活的藏家，晚飯後圍坐在火塘邊，用大銅壺煮水泡茶，吃著煨烤的馬鈴薯，一面聽老爺爺唱歌、說故事。

做了記號，幾乎整年都不管，需要時再上山去找。

不久又遇到一位騎馬下山的藏人，大家眼神自然交會了一下但沒有打招呼，馬背兩側掛著布袋，直覺告訴我他會不會是上山採藥的，果然沒錯。我問：「這裡不是保護區嗎？」我們剛才已經從管制閘門進入緩衝區走了很長一段路。朋友說如果嚴格按規定在緩衝區和核心區當然禁止放牧、採集，但是管理局默許世居本地的藏民可以，他們從祖輩開始就靠著養牛、採藥、採野菜維持一家人的生活。

下山後拜訪了保護區管理局，也趁機和幾位主管聊起這幾件事情，的確法規是死的，人是活的，這裡的工作人員都很清楚，藏民在保護區成立之前就過著這樣的日子，原本就已經是當地生態的一部分，而且最懂得保護自然生態的也是他們，誰不希望自己的子子孫孫永遠有藥可以採、有飯可以吃，只有外地來的盜採、盜獵者才會砍樹刨根不留後路，如果只是藏民傳統生活所需而不涉及嚴重違法，局裏基本不會干涉也不會禁止。而且原居民也因為管理局開放的做法而非常珍惜彼此的友善關係，只要有外地盜採者想進山，當地藏民馬上會通報，每個人都成了不支薪的二十四小時守護員。

然而我不免還是會想，儘管這些開放措施讓保護區和居民維持著和諧關係，畢竟仍是建立在充滿了不確定的「人治」基礎上，如果運氣好遇到通情達理的官員彼此都能相安無事，一旦換了依法行事而不願承擔開放風險的主管，很可能又讓雙方關係回到緊張狀態。長久之計仍應「化暗為明」在科學基礎下建立明確的法治規範，以兼顧自然生態與文化生命，只有尊重並保護了生活在自然環境裡的傳統文化，才算是完整保護了自然；也經常將這些例子和想法在許多針對林業保護和自然教育人員分享的課程中提出討論。

直到二〇二〇年二月，自然資源部和林業及草原局發布了一份名稱很長、被大家按文號簡稱「七十一號文件」的行政函，長期困擾管理者和居民的問題終於得到了緩解。這份公函除了將各級自然保護區原本的核心區、緩衝區、實驗區簡化為「核心保護區」和「一般控制區」兩部分，主要還是為了調整《自然保護區條例》當中許多「歷史遺留問題」，其中就包括「原住居民生產生活與保護管理矛盾」，也特別指出原核心區、緩衝區內「自然保護區設立之前就存在的合法設施……少數民族特色村寨」等可調整為一般控制區，同時也明確了「實行差別化管控」的原則如核心保護區內「在不影響主要保護對象生存、繁衍的前提下，允許當地居民從事正常的生產、生活等活動」；雖然只是行政命令的層次，總也是在自然保護和傳統生活文化的協調上踏出了「法治」重要的一步。

連香樹是第三紀孑遺古老植物，雌雄異株，甚少結果，天然更新緩慢，已列入瀕危物種。

國家公園和居民的對立與和解

在「七十一號文件」公布以前，並非所有自然保護區的居民都像雪寶頂這麼幸運，同樣在四川另一個有大熊貓的自然保護區，為了確保這種以竹子為主、雜食為輔的一級保護動物有充足的食物，劃設成立之後就嚴格禁止居民採野筍，原本世代採筍維生的居民頓時失去了經濟來源，有些轉型不易又迫於生計的村民只好冒險偷偷上山，變成了公部門眼中的「盜採」犯，導致雙方關係劍拔弩張。當地護林員朋友告訴我，巡山時如果遇到採野筍依法還是會抓，但眼看鄉親謀生不易，夾在自然保護和居民生活當中的護林隊也實在感到無奈。

不要以為這樣的事情只發生在遙遠的他方，一九八五年陽明山國家公園成立後，依據《國家公園法》上山採箭筍的居民立刻就變成了盜採犯，直到一九八七年十月二日內政部公告《陽明山國家公園範圍內申請採摘箭竹（包擇矢竹）筍作業要點》才讓事情有了轉圜，農地在國家公園範圍內且實際設籍者，每戶最多有四人可申請「採筍證」，每年開放兩次限本人攜帶證件可在一般管制區採筍，不得轉讓或租借，第一期從二月十五到四月十五日，第二期是八月一日到九月底。當然這項辦法也會視情況調整而非一成不變，二〇〇〇年陽明山區箭竹大量開花死亡，管理處就曾公告禁採，經過十二年等大自然修復後，才重新開放採筍。

絕大部分的自然保護區或國家公園設立後，總是訂出一大堆法規條文，而這些法規往往著力於自然保護，卻忽視甚至排除了與當地環境共生的原居民。各種限制、處罰……不但使居民難以維持原本安定的生活型態，也往往帶來緊張、反感甚至抗爭、衝突，使保護區裡的居民和政府站在對立面。而政府畢竟掌握了絕大部分的權力與資源，執政者有沒有「換位思考」的「同理心」化解這些問題是非常重要的關鍵。

	1
	2

1. 陽明山國家公園內的農民可申請「採筍證」維持原有經濟生活。
2. 阿美族哈拉灣（樂合）部落青年捧著剛從秀姑巒溪捕獲的大鯉魚，從前這類祭典捕魚必須要事先提出申請。阿美族人在祭期中嚴禁吃魚，祭典最後一天上午青年男子到附近水域捕魚供全體參加者食用後正式結束祭典；日籍學者古野清人認為禁吃魚是藉由飲食約制提醒族人正在神聖期間，吃魚後回到日常生活；無獨有偶，鄒族人在祭典進行期間也嚴禁吃魚。

另外，除了在科學基礎上適當放寬、適當管制原居民與生態的關係，政府也應該及早研擬居民因為保護區設立而可能受到相關損害的補償機制和協助經濟轉型辦法，如墾丁國家公園野放復育梅花鹿二十多年後，在二〇一七年四月才公告《墾丁國家公園區內梅花鹿致農業損失補助作業要點》，這項辦法如果能在一九八四年進行野放計畫之初就納入研擬討論，應該也會減少了很多居民的抱怨。不過目前也只有墾丁國家公園內復育的「家畜」梅花鹿造成農損訂有補償辦法，全臺各地保護區內其它野生動物如黑熊、野豬、獼猴造成的損害則無法補助，農委會認為應該在發生頻率較高地區以「補助防護設施」如低電流圍籬等，改善這類「可防治」的農業損害。

而臺灣的《野生動物保育法》、《國家公園法》和《森林法》等自然保育法規，也與原住民族傳統生活多有扞格，長期以來原住民採集或利用森林產物一直都在各種法規的模糊地帶進行，因而也曾發生如司馬庫斯泰雅族人撿拾風倒櫸木變成「盜採」事件，鄒族人在林下種植山葵被依「佔用國有林地」移送法辦，也有許多地方原住民因為採摘牛樟芝、桑黃、猴板凳（松生擬層孔菌）或其它真菌而遭判刑罰款甚至坐牢；長期下來不但造成居民與政府的關係不佳，也因為各項禁止利用而使許多原住民的傳統生活與生存知識逐漸流失。

即使在二〇〇五年《原住民基本法》公布後，許多問題依舊未能獲致各方滿意的解決，如何化解這些問題，關鍵仍在於政府和原住民對於「山林主權」認知的交集與相互協調，尤其需要掌握權力的政府能有更開放的態度對談。直到二〇一九年七月農委會發布《原住民族依生活慣俗採取森林產物規則》，原住民如果是在生活或文化上採集森林產物「自用」已不再需要申請。不過這項辦法只限於植物、真菌等，並不包括動物，在原民傳統生活與政府自然保育各項議題當中還有「狩獵」需要更多協調與磨合，也長期受到環保、動保等團體的關注。尤其二〇一三年王姓布農族人被查獲以槍枝獵捕山羌、長鬃山羊案，經過多年訴訟與提請釋憲，在二〇二一年仍判決部分「有罪」而後獲得特赦結案，也再度引發了更多的討論。

狩獵並非一刀切的是非題，傳統狩獵和商業狩獵、嗜好狩獵更應該要明確分開討論及管理，以原住民為主體的狩獵規範也絕不代表就是要棄守保育。在國家公園成立之前，原住民傳統獵場和傳統狩獵早已存在這塊土地上千百年，也是當地食物鏈和自然平衡的一部份，這的確是需要更多開放思考的議題，許多人看著紀錄片中雨林民族捕捉野生鳥獸食用認為是非常自然的一部份，卻無法接受臺灣原住民有相似的傳統文化，或認為原住民進入現代生活後就應該放棄「不文明」的行為。然而狩獵並不僅是生活上的採捕利用，更包括了一個族群的生存技術、自然知識、信仰、禁忌、生命儀式、傳說……等悠遠而深層的文化意涵，有許多「人與自然」的觀念和關係反而是人類進入所謂「文明」之後逐漸失去的；而且各族一直都有永續獵場的概念和按照時序的生活節奏以及各種「不成文法」約制，對獵場的態度也是「管理維護」而非「擁有」，商業狩獵才會毫無節制的趕盡殺絕。

目前除了二〇一二年公布的《原住民族基於傳統文化及祭儀需要獵捕宰殺利用野生動物管理辦法》以正面表列各族可獵捕對象之外，二〇一四年阿里山鄒族與林務局、嘉義縣政府等公部門開始合作推動「狩獵自主管理」，踏出了臺灣第一步以原住民為主體的傳統狩獵與生態研究。鄒族成立獵人協會並制定狩獵管理公約與嚴格的核發「獵人證」辦法，獵人須即時回報狩獵結果，由學者裴家騏、翁國精等組成的研究團隊同步進行生態變化學術監測，至二〇一九年三方正式簽訂《鄒族狩獵自主管理》行政契約。二〇二〇年十一月根據翁國精在阿里山地區的階段性監測資料顯示，動物族群數量並未減少，有些種類還增加，初步認為傳統型態有約制的狩獵對動物種群會形成回復平衡數量的自然壓力。目前這項計畫仍持續進行中，將來目標是參考獵人回報獵物種類和數量以及更長期間的生態監測分析結果，做為核定當地可狩獵個別物種及數量的依據。

1	2	3

1. 鄒族小米收穫祭，凌晨時分在家族祭屋準備糯米飯、酒、豬肉、豬肝和松鼠祭祀小米女神 Ba'e-ton'u，其中赤腹松鼠是最重要的祭品，在小米女神眼中比一整隻山豬還要珍貴，主祭長老揮舞松鼠耳朵和尾部毛皮招請、祝禱後，家族成員輪流用手指沾酒逐一點按祭品並發出啜吸聲以獻祭。

2. 鄒族小米收穫祭結束當天清晨，各家族會進行 Su'tu 儀式，主祭長老取野桐葉包新穗小米，每包一卷都會口述一段家族曾經居住、征戰、狩獵的地點和事蹟，最後全部置於竹夾上，插在獵場並祭祀土地神；在沒有文字的年代，這些就是重要的民族口傳歷史。

3. 屏東馬卡道族加蚋埔部落傳承百年的「雨王」法杖，由鷹的頭骨和百鳥羽毛所鑲製，祈雨時可將族人的祝禱上傳天聽。

保育如治水，除了防堵更應疏導

六月，臺南官田農民在四、五月間種下的菱角已經生長茂密，正好適合水雉築巢育雛，說是「築」巢其實也只是收集一些枯莖殘葉堆攏在菱角的浮水葉上。在夏日微風吹拂的綠色波浪間，一隻還穿著「結婚禮服」的水雉雄鳥正全心照顧著雌鳥產下的四顆蛋，只見牠偶爾站起來伸展一下久屈的肢體，用嘴喙撥弄整理巢材後又繼續安靜的蹲下，耐心等待著破殼而出的新生命；這隻雄鳥並不知道有人比牠更關心巢裡的蛋能不能順利孵化，如果孵出幼鳥，這塊菱角田的種植者將可獲得市政府發給八千元保育獎勵金。

水雉通常是一妻多夫制，雌鳥在繁殖季配對產卵後便會離開再去找其它雄鳥配對，由雄鳥單獨負責抱卵及育雛；在臺灣繁殖的鳥類當中，還有彩鷸和三趾鶉也是由雄鳥負責孵蛋。這種羽色華麗被稱為「凌波仙子」的水鳥曾經遍布全臺許多淡水濕地，但隨著人們填平池塘移作他用，在農地上蓋起了工廠，修築堤防把氾濫淹沒區變成了住宅區，整理「荒蕪」的河濱濕地改成親水公園、球場和休閒自行車道，加上農藥、工業廢水污染等因素，八〇年代後水雉在臺灣的棲地快速消失，族群數量岌岌可危，幸好臺南農民還為牠們留存了一線生機。

臺南官田是全臺灣最大的菱角產地，根據農糧署二〇一八年統計資料，全臺四百六十公頃菱角田有近四〇八公頃在臺南，其中約三二〇公頃在官田。水雉的棲息環境和繁育期正好與菱角田的耕作時程相近，也因此被稱為「菱角鳥」，每年六月左右水雉在菱角浮水葉上營巢育雛，等到九月農民採收菱角時幼鳥也已長大獨立，人鳥之間互不干擾；唯一最大的干擾就是有些農民為了防治菱角金花蟲會噴灑農藥，不但殺死了昆蟲、蛙類等水雉的食物，也使牠們有中毒風險。為了保護這些珍稀水鳥，臺南縣政府從一九九八年起推出了保育獎勵方案，只要田裡有水雉築巢並且順利孵出幼鳥，每巢兩隻以下發給種植者四千元獎勵金，三隻以上給八千元，忽然間這些水雉生的蛋每一顆都成了「金蛋」，農民即使噴藥也都會避開水雉繁殖巢，就怕田裡的鈔票飛了。加上二〇〇〇年修築高鐵環評附帶決議所營造的十五公頃人工濕地復育區（水雉生態教育園區）完成，總算讓水雉的數量得以穩定成長。

然而這些在臺南找到棲身之所的鳥兒也並非就此平安順遂，二〇〇九年底至隔年初短短三個月裡竟然發現有八十五隻水雉中毒死亡，這對保育工作而言無疑是重大的打擊，當時園區內外族群數量估計僅約六百隻。經過追查得知中毒原因和菱角田輪作有關，農民在菱角收成後會改作一期水稻，但因為農村老齡化勞動力不足，因此多採用較省事也較省錢的「直播」稻穀而不再插秧，為了減少種子被鳥類或老鼠等動物吃掉以提高發芽率，播種前會先以農藥「加保扶」浸泡，同時也會在田裡撒「托福松」等殺蟲粒劑，水雉就是誤食了浸泡過加保扶的穀子。然而這些劇毒農藥在當時仍屬農委會核准用藥，如果只是公告禁用雖然可以解決野生動物中毒的問題，卻也會使老農立刻面臨無以收成而出現新的問題。

如果孵出幼鳥，這塊菱角田的種植者將可獲得市政府發給八千元獎勵金。

因此在農委會、臺南縣政府和民間推廣有機種植的基金會合作下，決定以獎勵方式尋求改善，先按面積補貼經費讓農民改採插秧及無農藥耕種，並由基金會簽約契作以保證價格收購，同時推出「綠色保育標章」認證以及品牌「菱鄉米」，接著還辦理了全臺第一個結合生態保育和友善耕作的「田裡有腳印」農產市集以擴大行銷及宣傳。這些獎勵辦法陸續施行後，二〇一二年初水雉復育區及周邊稻田不再有水雉中毒，臺南地區死亡總數也大幅下降為五隻。二〇二一年夏季同步調查，臺南的水雉數量已達到一三〇七隻，比去年增加了一六六隻，其中有百分之七十五分布在官田，繁殖巢將近九成是在菱角田裡；這項調查比較有趣的是水雉生態教育園區每年都會在網路上舉辦「猜今年水雉數量」活動，猜中就送有機菱角，不但吸引了更多人關注水雉保育行動也行銷了友善種植的菱角。

保育工作就像治水，除了圍堵更應疏導，發獎勵金讓鳥蛋變成「金蛋」，補助插秧經費，保證價格收購有機契作產品，制定綠色標章品牌認證、辦理推廣市集……都是讓農民因為提高獲利「自願參與」無毒耕作，而非在政府的法令限制或懲罰下「被迫改變」，這些獎勵措施不但保護了水雉，也保護了農業和環境。

從水雉和菱角開始，臺灣各地陸續也有更多農田回到友善耕作同時保護了生物棲地，如貢寮有機種植的「和禾水梯田」為食蟹獴留下了穩定的棲息環境，所種出的米同樣獲得綠色保育標章認證；嘉義的「諸羅紀農場」則是與筍農簽約不再使用慣行農法，同時以保價收購方式招募「股東」全數認購無農藥、無化肥的竹筍，保護了以竹林為主要棲地的臺灣特有種諸羅樹蛙；近年還有「老鷹紅豆」也是成功透過獎勵和契作收購加上企業參與的周邊商品開發行銷，使屏東農民轉型無農藥種植紅豆而提高獲利，同時成功保護了黑鳶不再受到毒害的例子。政府、保育工作者、農民、野生動物、協助行銷的企業、吃到安心產品的消費者……在這些逐漸走上良性循環的互利模式下，都是贏家！

	1	2
	3	4

1. 推動補助獎勵措施而非禁止懲罰，讓農民能夠生活，也讓水雉得以生存。
2. 臺南官田，農民在夏季種菱角，冬末春初種水稻，水雉的棲息環境和繁育期正好與菱角田的耕作期相近。
3. 諸羅紀農場每年招募「股東」認購無農藥、無化肥的竹筍，保護了以竹林為主要棲地的諸羅樹蛙。這種樹蛙是一九九五年才發現的臺灣特有種蛙類，僅侷限分布在雲林、嘉義、臺南平原農墾地，「國際自然保護聯盟紅色名錄」已列入瀕危物種，如果從臺灣消失也就從地球上消失了。
4. 「老鷹紅豆」也是近年成功透過獎勵有機種植使農民轉型友善耕作提高獲利，同時成功保護了黑鳶的例子。

生態放生，科學放生

關渡濕地是七〇年代臺灣最早引領賞鳥風氣的地點之一，雖然曾經因為開發計畫、垃圾、廢土入侵、人類遊憩設施等嚴重干擾，使鳥類記錄一度少於五十種，幸而經過野鳥學會和許多團體的陳情爭取，在一九九六年正式劃設了自然公園和自然保留區，生態也逐漸恢復穩定，不但為臺北市留下了唯一的大型濕地環境，也為許多鳥類和紅樹林生物留下了重要的棲地。

有一天我到關渡堤防附近自然觀察，遠遠看到有個婦人站在水澤邊眺望，看裝束並不像賞鳥或單車騎行者，不過此地本來就有不少慕名而來隨意閒逛的好奇遊客，也就沒有特別注意。轉頭繼續搜尋隱身在大萍和蘆葦叢間的水鳥時，忽然見她開始做了一些奇怪的儀式動作，接著很快從懷中拿出一袋小魚倒進水裡，口中似乎還唸唸有辭，原來是在偷偷「放生」！剛才觀望四周大概是想確定附近沒有人，顯然她應該也知道自己的行為可能招來異樣眼光。婦人匆匆離開後，我好奇趨前想看看她放了什麼魚，只見蘆葦叢裡鑽出來一隻黃小鷺，幾分鐘內就把十幾隻小金魚全吃光了。

附近有一座三百多年歷史的信仰中心，經常有信眾在祭拜後到廟前的濕地放生，或許期望自己在神前的「善行」能得到更多眷顧與回賜吧；甚至早年在廟埕廣場還有許多販售麻雀、文鳥、魚類、烏龜、泥鰍的攤販，簡直像個熱鬧的菜市場，人們購買後就在附近空曠處一籠一籠、一袋一袋的「放生」，整個濕地都成了信眾的放生池，後來在輿論壓力下廟方嚴格管制設攤才消聲匿跡。不過市政府和廟方仍然管不了偷偷「自備」放生物的參拜者，而且如果不在濕地公園範圍內其實目前也無法可管，雖然在環團持續監督請願下行政單位每隔幾年都會提出《動保法》中有關「釋放動物」的條文修正草案，但這些草案並不像民生、政治、經濟或社福等議題受到重視，往往遭到擱置或甚至根本排不進議程，等到四年一過又要吃「歸零膏」回到原點，由行政院重提送立法院待審。

我並沒有深入瞭解宗教放生的歷史脈絡，不過可以合理推想應是源起於隨機隨緣救助受困動物的惻隱之心，此種經常和「戒殺生」相提並論而更積極的信仰行為無論如何總是勸人為善。然而當單純的放生行為漸漸與「功德果報」劃上等號，就開始有了各種複雜的「交換」內容，連弘一大師（李叔同）都曾在泉州開元寺一場「放生與殺生之果報」的說法中提到：「先問諸君：一欲延壽否？二欲愈病否？三欲免難否？四欲得子否？五欲生西否？倘願者，今有一最簡便易行之法奉告，即是放生也。」

時至今日絕大多數「放生」早已經變成宗教包裝下的商業行為，變成某些企業化團體的生財之道，並且規模愈來愈大，對生態環境的影響也愈來愈嚴重。說來宗教放生也有其社會性的功能，至少讓身心遭受苦病痛的人透過儀式得到了寬慰和希望，可以視為心理治療吧，也因此每回遇見像關渡濕地婦人那樣的「放生」行為，我其實是同情多於責難的，如果全面禁止，許多困苦、生病、徬徨的心靈壓力找不到出口也將是另一個社會問題；當然「商業放生」或個人「無知放生」造成的生態傷害也絕對不應忽視。

二十世紀初的高僧釋印光應該是近代對於放生議題討論最多的宗教導師，印光法師並不反對宗教放生，還曾為許多寺廟放生池題寫碑記，不過對於各種執迷行為仍是多有提醒：「戒殺、放生之事，淺而易見；戒殺、放生之理，深而難明。若不明其理，縱能行其事，其心決不能至誠惻怛；其福田利益亦隨其心量而致成微淺。」其語錄如：「凡害魚之魚亦放其中，是放賊於人民之聚處，則群魚皆為彼之食料，適促殺生爾。」這是多麼有生態觀的智慧語，無知放生往往造成了「間接殺生」。然而即使宗教導師如此苦心開導，百年後這樣的情況依舊難以改善，除了紅耳龜、吳郭魚，近年臺灣許多水域已經被俗稱「魚虎」的放生泰國鱧所佔領，不但會吃各種水生魚蝦、小動物，還有人目擊魚虎從水中躍起吃掉了水雉和紅冠水雞幼鳥甚至攻擊水雉成鳥；另外有些執迷者還到處放可能傷人或致命的泰國眼鏡蛇，這樣的行為根本已經是造孽而非積德。

印光法師也提到：「捕生者特為放生者多捕，則買而放生者，亦多有因放而捕來爾。」談的是刻意購買的放生反而促進了「捉生」，一捉一放之間何有功德。這段話也讓我想起另一個關於放生的故事，馮夢龍《古今笑史》載：「北使李諧至梁，武帝與之遊歷。偶至放生處，帝曰：彼國亦放生否？諧曰：不取，亦不放。帝慚之。」篤信宗教的梁武帝帶著東魏來訪的文學家和外交使者李諧「偶然」經過特意建造的放生池，本想誇炫一下自己在信仰上的功德，卻被對方硬是用五個字比了下去。雖然這則故事或許是後人假託，但也深刻點出了放生在宗教上不斷被明示的「果報」，以及刻意放生所導致的「捉生」與「買生」問題。

有沒有可能兼顧「放生」的社會心理需求，又能避免傷害生態環境呢？禁之不如導之，「科學放生」是我經常在課堂或演講的場合呼籲，或許是讓政府、宗教民俗、自然生態可以三贏的較理想方式。除了由行政與立法機構儘快修訂完成「釋放動物」相關條文嚴格規範，禁止並重罰傷害環境的「迷信放生」，更重要的是引導宗教團體和需要心理療慰者進行「科學放生」與「生態放生」。比如雪霸國家公園每年花費許多人力和經費復育的櫻花鉤吻鮭、金門水產試驗所復育的三棘鱟、特生中心或各地野生動物急救站準備重新放歸山林的野生動物等，都可以試著開放讓宗教團體帶領信眾「認養」放生，參加者所繳的費用一部份歸宗教團體，一部份捐為野生動物復育基金；進行「放生」時除了安慰心靈的宗教儀式，更重要的是由專家帶領做生態講解和環境教育，讓參加者知道自己對大自然非但沒有造成傷害還有更大的貢獻與功德。

希望在臺灣很快能見到良性循環的放生，而其關鍵恐怕仍在於政府是否有完成修法的決心，以及適度讓「保育活動」結合「宗教民俗」共同維護生態環境並深化自然教育的開放態度。

1	2
3	4

1. 婦人在關渡濕地「放生」的小金魚，被蘆葦叢裡鑽出來的黃小鷺全吃光了，放生當場變成了餵食。

2. 廈門千年古廟南普陀寺，放生池常因為生物密度過高及遊客投餵食物而發出臭味；二〇一六年寺方僱工從池中撈起一千多公斤的龜魚，竟然是全數轉放到附近的溪流和水庫裡，許多外來種也因此進入了自然野地。

3. 如果政府和宗教團體能引導更多人參與櫻花鉤吻鮭復育「放生」，絕對是功德無量啊！

4. 金門水產試驗所每年都要復育野放的三棘鱟，俗名鋼盔魚，從前在臺灣西部沿海數量不少，但因為人類捕捉食用及環境破壞已非常罕見。

從捕鯨到賞鯨的漫漫長路

曾經聽父親說，他小時候在老家桃園觀音海邊還有牽罟漁法。按照潮汐、海流和天氣決定日子後，當天會有人沿著村中各家戶敲鑼通知，我的伯父和其他人先乘坐舢舨出海佈網，一段時間後大家合力把網罟拉上岸，只要參加者都能分到漁獲。我問：「有沒有捉到過海豚？」沒想到居然真的有！而且會宰殺分食。在日治時期糧食尤其是肉品嚴格管制的年代，每一份入網漁獲對資源匱乏的濱海農村都是非常重要的蛋白質來源。

二戰後觀音設置了一五五加農砲陣地，海邊也成為軍事管制區而不再有牽罟。由於年代久遠，加上平日以耕作為主的農民也不太可能特別區分「海豬」的種類，父親說不知道是哪一種海豚也不記得顏色了。在西部沙灘近岸捕獲，依照生態習性我合理懷疑有可能是中華白海豚，當然也不排除是瓶鼻海豚或其它種類。中華白海豚主要在苗栗至雲林間水深約五到十五公尺的沙質海域活動，桃園、臺南也曾有記錄，根據二〇一九年海洋保育署公布的監測資料，臺灣西岸只有四十七隻可辨識個體，種群估計僅剩極度瀕危的五十隻左右。

海豚是群體活動的生物，如果按照捕獵習性來看我覺得牠們更應該可以叫做「海狼」，發現魚群時海豚會合作繞圈將獵物困住，再輪流衝進去捕食；不過這些海洋食物鏈上層的掠食者大概做夢都沒想到，會遇上來自陸地更強悍的掠食者以同樣的方式捕捉牠們。澎湖縣湖西鄉漁民三、四百年來都是採「圍獵法」捕捉海鼠（海豚的當地俗名），數艘漁船把網具串接起來困住海豚群後，以竹篙敲打船身使牠們受到驚嚇而沿著唯一的通道游進沙港，再由守在海邊的漁民擊昏後拖上岸宰殺。在靠海吃海的澎湖，這原本只是當地人的自然飲食之一，不過隨著訓練鯨豚表演在國際間開始盛行，沙港村民也活捉海豚賣到香港海洋公園等地方而受到國際關注。一九九〇年四月二十二日，保育組織「信任地球」公布了一段沙港漁民圍獵宰殺海豚的影片，引起全世界撻伐，政府也受到極大壓力而在當年八月公告將現生所有鯨豚都列為保育類野生動物。

然而「沙港事件」雖然成為鯨豚保育的轉捩點，卻沒有使牠們在臺灣的命運真正得到翻轉，原本口感並不是那麼受歡迎的海豚肉反而因為「保育」在黑市身價大漲數倍，變成許多人私下宴請親友的「高檔」食材，也常常出現在西部漁村辦桌請客的菜單上，在某些漁港附近的海產店只要說出正確「通關密語」就能花錢吃到各種海豚料理，甚至在鯨豚列為保育類二十多年後海豬肉還上了雲林某場尾牙辦桌席，當地不少賣「炸蚵嗲」的店家也能買到「海豬肉嗲」，一切只是轉到了檯面下。而這類違法情事靠嚴查也只能暫時遏止，唯有透過生態教育才可能真正改變人們與鯨豚的關係。

一九九六年海洋作家廖鴻基和朋友們組成了「海洋尋鯨小組」，在執行「花蓮海域鯨豚調查計畫」的過程中，感受到臺灣東部海域鯨豚的資源非常豐富，因而有了開發「賞鯨活動」以促進海洋保育的想法。隔年七月六日，在尋鯨小組和漁民合作下，第一艘由漁船

一群海豚正在繞圈「圍獵」魚群。

改裝而成的賞鯨船「海鯨號」從花蓮石梯坪港出發首航，為臺灣鯨豚保育寫下了新的一頁。一九九八年廖老師更進一步發起成立了「黑潮海洋文教基金會」，持續推動著守護海洋環境、調查生態資源與保存海洋文化的目標。

臺灣的賞鯨活動一開始每年僅有數千人次參與，經過二十多年後在花蓮港、石梯坪、宜蘭烏石港、臺東成功港都有了固定的賞鯨船班，臺中梧棲港也有經營觀賞中華白海豚的業者，每年約有三十至四十萬人參與這項自然體驗，不但讓許多漁民轉型成為海洋守護者，也讓更多人在接觸鯨豚的過程中開始關心這些海洋生物與海洋環境的問題。

同樣從傷害自然轉型成為財富的例子，還有澎湖、馬祖賞燕鷗活動。每年夏天是澎湖漁民的丁香魚季，也是許多燕鷗的丁香魚季，俗稱丁香魚的日本銀帶鯡會在五月左右洄游到澎湖北部海域繁殖，直到九月幼魚長成才離開，溫暖的氣候加上豐富的食物吸引了七種燕鷗不遠千里飛到澎湖的無人島上繁殖，包括近年才記錄到在雞善嶼繁殖的「神話之鳥」黑嘴端鳳頭燕鷗；其中從澳洲大堡礁飛行六千公里來到澎湖的紅燕鷗非常善於追蹤丁香魚群，被當地漁民稱為「丁香鳥」，只要看到紅燕鷗群飛海面俯衝捕食，跟著下網捕撈一定豐收。

1	2	
3	4	
5	6	

1. 中華白海豚幼年個體呈暗灰色，隨著年齡增長逐漸出現淺色斑點，最後才變成灰白或粉紅色皮膚。

2. 鯨豚是用肺呼吸的海洋生活哺乳類，經常需要浮出水面換氣，圖為接近水面時正在呼出二氧化碳產生的汽泡。

3. 在太平洋晨光下逐浪的熱帶斑海豚。一九九〇年之前海豚一直是臺灣各地的日常漁獲之一，絕大部分都是送往魚市場，最後上了餐桌。

4. 初生的小海豚會緊緊跟著媽媽，學習一切海洋生活所需要的知識。

5. 賞鯨豚活動讓更多人有機會接觸並瞭解這些海洋生物，也開始關心海洋環境的問題。

6. 與黑潮海洋文教基金會密切合作的賞鯨船，出發前廖鴻基老師正在講解鯨豚生態與海洋知識。

漁民並不吃燕鷗，但從前在海上作業時會登島撿鳥蛋食用，也常有人在燕鷗繁殖的無人島上放牧山羊，加上七〇年代起引進網目細如蚊帳的漁具和探魚機過度捕撈使丁香魚源日漸枯竭，甚至還有空軍在貓嶼、草嶼等無人島長年進行投彈炸射訓練，這些對遠道前來繁殖的夏候鳥都造成了極大威脅。

一九九一年澎湖縣政府將大、小貓嶼及周邊一百公尺海域劃為「海鳥保護區」，九二年將雞善嶼、錠鉤嶼、小白沙等劃為「玄武岩自然保留區」；一九九九年起每年五月禁捕丁香魚，雖然是為了讓魚群順利產卵繁殖以恢復漁業榮景，但也因此讓燕鷗有了足夠的食物哺育後代;加上二〇〇九年再增設南方的頭巾嶼、鐵砧嶼、東吉、西吉等四處「玄武岩自然保留區」，總算讓這些夏候鳥可以在澎湖不受干擾的繁殖，漸漸恢復了夏日海上燕鷗群飛的壯觀景象，也帶動了賞燕鷗旅遊和周邊的住宿、餐飲、交通等觀光財富。

玄武岩上錯落站立著玄燕鷗和白眉燕鷗，白色的東西並不是鳥糞，而是昔日空軍炸射訓練留下的漆彈痕。

澎湖漁民看到「丁香鳥」紅燕鷗群飛捕食，就知道海面下有魚群。

每年夏天在無人島上安心繁殖的鳳頭燕鷗，成為澎湖和馬祖永續的觀光財富。

知易行難的「自然保護」與「居民共生」

然而並非所有生態豐富的保護區，當地人都可以從中共享獲利。至少我所認識一些世居墾丁國家公園範圍內的住民心裡對墾管處就很難有好感，而國家公園也總認為他們是麻煩製造者。

有一天我正掩蔽在車內觀察一群梅花鹿，遠遠見到有位阿伯騎著沙灘車，在起伏的牧草地上抖抖晃晃的向我駛來，讓我訝異的是，當他經過鹿群附近時這些非常容易受到驚嚇的動物竟然沒有走避，只稍微抬頭警覺了一下又繼續吃草。阿伯來到車旁問我的來意，原來他是這片盤固拉牧草的種植者，人和鹿都已經非常習慣彼此的存在，鹿群甚至常常到他的屋前屋後吃牧草。

時間久了和阿伯慢慢熟識，到墾丁觀察拍攝梅花鹿時也常繞去他家喝茶休息。閒談間才知道許多世居在此的住民只繼續保有居住和耕作的地上使用權，並無土地所有權，這些國有地是由墾丁國家公園管理。在居民心裡《國家公園法》就像緊箍咒一樣有非常多限制，阿伯說：「這個也不可以，那個也不行！」現在甚至定期有空拍機蒐證，連住家整修改變太大都可能會視同違建拆除；雖然可以理解這是為了避免投資客取得房屋後藉著整修名義擴大經營餐飲旅宿，但我不免也想起沿著海岸公路兩旁那些靠著《發展觀光條例》特許經營的超大型渡假酒店，業者甚至還把沙灘圍起來禁止外人進入，真是管小不管大啊！

恆春半島一年當中有幾個月的落山風，原本生活就已經非常辛苦，很多年輕人都往高雄尋求發展，留下的老弱除了種植牧草維持基本營生，也想多賺點錢改善經濟。於是他們家族和社區居民引進了沙灘車，租給遊客在地形起伏的牧草地工作小徑上奔馳。當然，

右圖：如何讓梅花鹿成為國家公園和居民「共享獲利」的財富，而非「造成對立」的癥結，只在當政者轉念之間。

這違反了國家公園法，也踩到了墾管處的紅線！居民管理牧草時可以騎沙灘車工作，採收牧草時也可以開著大型收割機進入，但把沙灘車租給遊客騎在同樣的小徑上就是未經許可經營商業行為，同時也影響了梅花鹿棲息，在我的訪談經驗裡他們還曾一個月被開二十幾萬元罰單。墾管處依法行事，警察隊基於職責開單，當然都沒錯，但這些法令和罰單卻是居民難以承受之重！這件事也正突顯了「自然保護」常出現的與原居民緊張、對立關係。

保護自然當然是國家公園首要的任務，但政府也應該有責任協助居民可以繼續維持生活，甚至因為自然保護而過得更好，世界上許多地方都有推動「自然保護」與「居民共生」成功的例子，我常想臺灣為什麼始終沒有人去碰觸這一塊呢？讓居民因為自然保護而直接獲利，並成為當地生態的守護者，這些簡單的概念誰都懂，但真要落實又是困難重重，或許多數當政者都不願承擔開創新局所可能帶來的失控與究責風險，只希望任內「平安無事」而非「勇於任事」吧。

在印度的老虎保護區，遊客依規定必須租用當地人駕駛的四驅車、聘請經過培訓考證的嚮導才能進入管制站，加上在附近住宿、吃飯、購買紀念品等消費，保護一隻老虎可以養活許多家庭；在臺灣我覺得非常有條件活化利用生態資源，推動「自然保護」與「居民共生」的地區之一就是墾丁。墾管處可以把沙灘車改成電動高爾夫球車加上迷彩布棚偽裝，聘僱通過培訓考證的當地居民擔任駕駛兼嚮導，在總量管制下帶領預約的遊客按照規定範圍與路徑尋找觀察梅花鹿，這些世居當地的住民不但早已熟知梅花鹿的習性，懂得如何尋找鹿蹤、避免干擾，也絕對比任何人都有更多關於恆春的故事和民俗可以分享。如此既能化解對立衝突、改善居民經濟，也避免了飆車族、冒失遊客甚至盜獵者駕車擅闖牧草地干擾梅花鹿，還可以讓國內外遊客感受到臺灣在自然保育上的成就。政府、居民、梅花鹿、遊客都可以是最大的贏家，而這一切能不能早日實現，只在當政者的「轉念」之間。

	1 2	3

1. 流浪犬和家犬追咬，是墾丁梅花鹿保育更迫切嚴重的問題，除了直接攻擊致死外，也可能造成鹿隻因為緊迫出現「橫紋肌溶解」而猝死，還曾發生過梅花鹿遭流浪犬追擊而衝上公路甚至跳入海中的意外。

2. 恆春當地居民放牧牛羊與梅花鹿競爭草場，或是鹿群啃食作物造成農損，也是「自然保護」和「居民生活」上經常出現的衝突。

3. 印度老虎保護區，排隊等待進入管制站的四驅車，每輛車上有一位專業嚮導、一名駕駛，保護一隻老虎可以養活許多家庭。

生態保育回饋金

儘管發展賞鯨讓曾經捕捉鯨豚者變成了守護者，賞燕鷗活動讓漁民不再傷害遠道而來的夏候鳥，許多周邊相關業者也因為這些自然旅遊而共同獲利，然而並不是所有漁民都有機會或都需要轉型，當地居民對這些改變也很難有參與感。保護美麗自然資源並非僅只是政府、環保組織或相關業者的責任，如何讓更多人加入仍是可以繼續努力的方向，我常想，如果有機會由政府制定「生態保育回饋金」辦法，或許更能擴大參與層面。

目前的各種地方「回饋金」幾乎都是因為環境遭到負面影響而由政府或業者提撥編列的經費，如垃圾掩埋場、焚化爐、機場噪音、發電或輸電設備、核廢貯存場、殯葬區、水泥產業、石化廠……等，美其名叫回饋金，其實都是補償、安撫居民損失的費用。臺灣什麼時候能有因為「保護環境」獲利而與地方共享，正面發展的回饋金呢？

如果由政府制訂專法，讓自然旅遊活動如宜蘭、花蓮賞鯨豚、澎湖、馬祖賞燕鷗、綠島、小琉球浮潛賞綠蠵龜……等項目有法源依據可辦理，從參加者支付的規費中提取或加徵一定比例做為「自然保育基金」，由地方政府、學界、公益環團代表、居民代表等共同組成監督機制，專款專用於當地自然保護項目、推廣教育活動、補助相關學術研究、居民子弟就讀自然科學系所獎助學金、以及最重要的「改善居民生活直接回饋金」等，不但可以深化自然教育、鼓勵學子投入、更讓所有居民都能直接受益，只要讓自然保育成為會持續生金蛋的母雞，最擔心生態遭到破壞的絕對是當地人，而不會只是生物學家、環保人士或自然愛好者。

當然這些都只是粗淺的夢想，但有夢就有希望，什麼時候可以等到「勇於任事」而非只想著任內「平安無事」願意換位思考的當政者呢？每當有機會分享書中這些故事和美好的夢想時，總能感受到許多朋友也和我一樣期待著臺灣有更多正向發展回饋金的一天，而屆時大自然也必將帶給人類更大的「回饋金」。

教育最重要的精神和信念就是「我們也許在短時間裡沒有辦法改變或領導社會，但我們正在改變將來要領導或改變這個社會的人」。走過許多地方，看到無數美麗生命也感受到太多自然的傷痛，一路上更遇到許多朋友在不同位置上堅持著環境保護和自然教育，大家對於未來也永遠都充滿了夢想和希望。期待年輕朋友們在這本書所分享的一些經驗裡開啟了更深層的感官，有了更多面向的思考和行動，當你再次走進自然時，也讓自然走進心裡，並且成為靈魂和身體的一部分，回到一顆種子在荒野裡萌發時最初的簡單和感動，而你，終將成為大樹。

我們看山看水，看花看草，
看細雨飄落，雲霧蒸騰，
其實一直在看的都是自己，
在大自然裡尋找著生命的位置⋯

十六歲的荒野課

在自然裡養成一顆溫柔的心

撰文攝影／彭永松
主　　編／黃秀慧

發 行 人／林宜澐
總 編 輯／廖志墭
編輯協力／林韋聿
校　　讀／孫淑姿
美術設計／陳俊言
印　　刷／世和印製企業有限公司

出　版／蔚藍文化出版股份有限公司
地址：110 臺北市信義區基隆路一段 176 號 5 樓之 1
電話：02-22431897
臉書：https://www.facebook.com/AZUREPUBLISH/
讀者服務信箱：azurebks@gmail.com

總經銷／大和書報圖書股份有限公司
地址：24890 新北市新莊區五工五路 2 號
電話：02-8990-2588

法律顧問／眾律國際法律事務所　著作權律師／范國華律師
電話：02-2759-5585　網站：www.zoomlaw.net

初版一刷／ 2022 年 6 月
定　價／新台幣 490 元整
ISBN ／ 978-986-5504-79-3(平裝)

國家圖書館出版品預行編目 (CIP) 資料

十六歲的荒野課 : 在自然裡養成一顆溫柔的心 /
彭永松著 . -- 初版 . -- 臺北市 : 蔚藍文化出版股份
有限公司 , 2022.05
288 面 ; 17x23 公分
ISBN 978-986-5504-79-3(平裝)

1.CST: 環境教育 2.CST: 環境保護 3.CST: 生態教育

445.9　　111007223